U0014333

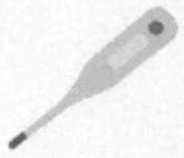

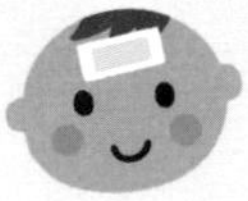

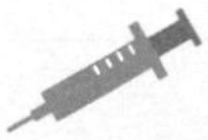

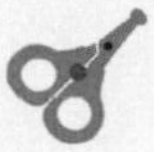

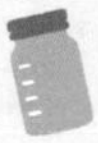

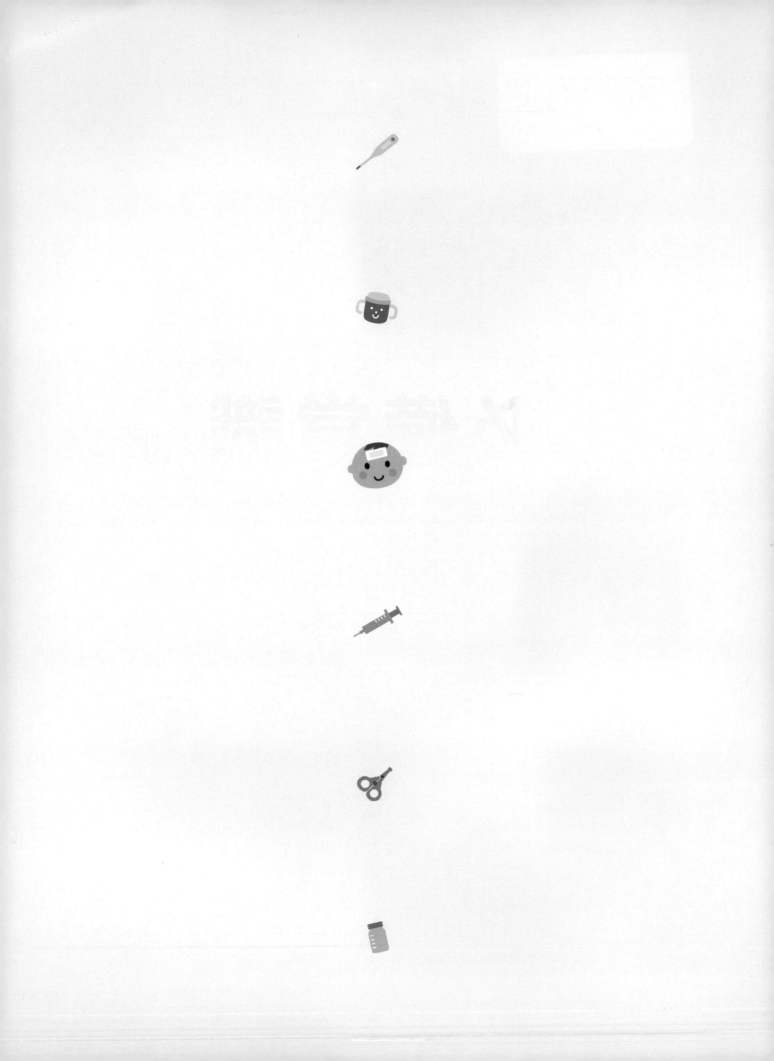

前言

圖解

居家照護必備常識

發燒時的穿著

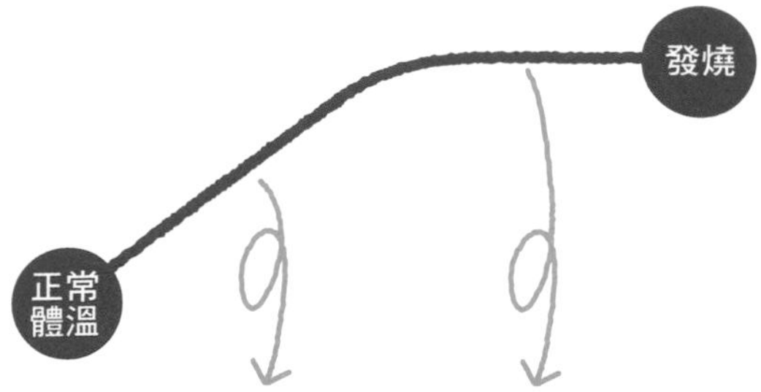

開始發燒～上升時要穿暖一點

體溫上升時，末稍血管會收縮，造成手腳冰冷、畏寒，這時候就要讓寶寶穿暖一點。

上升到一定程度，就不要穿太多

雖然不必刻意穿得單薄，但為了不讓熱度堆積在體內，盡量不要讓寶寶穿太多。「多流點汗才能退燒」是錯誤觀念。

無須刻意使用退熱貼或冰枕

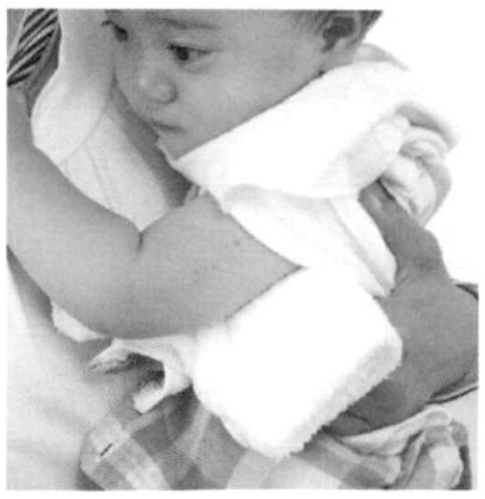

要先想辦法冷卻腋下、大腿根部等，有粗大血管分佈的部位。這樣就能稍微減緩發燒帶來的不適。若寶寶沒有劇烈反抗時，可以用毛巾將保冷劑包好，貼在寶保腋下。

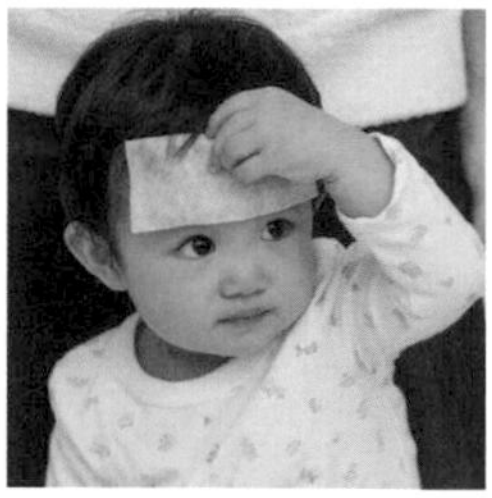

退熱貼能讓皮膚表面的溫度下降 4℃左右，寶寶也會覺得舒服一點，但其實退熱貼並不具備任何退燒效果。若寶寶不討厭，當然可以用；若討厭，就不要勉強。

量出正確體溫

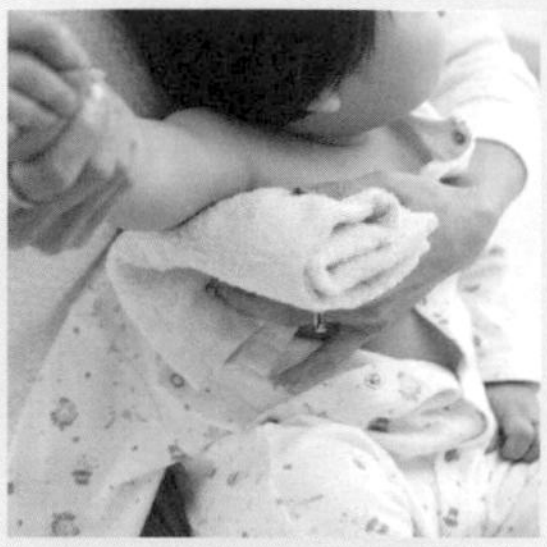

量腋下開始前先把汗擦乾

量體溫就要量腋下。不過，都是汗水的話，就無法測量出正確體溫。因此，要先將寶寶腋下的汗水用毛巾擦乾後，再用體溫計測量。

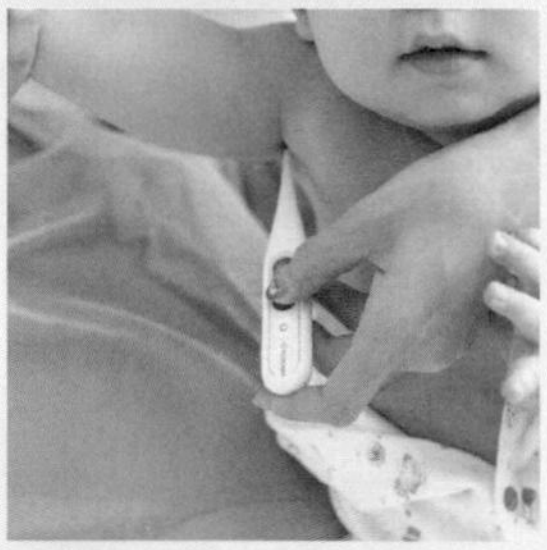

體溫計前端要擺在腋下凹陷處

使用棒式電子體溫計時，要從腋下斜斜往上輕輕插入，前端感應處要抵住腋下凹陷處。

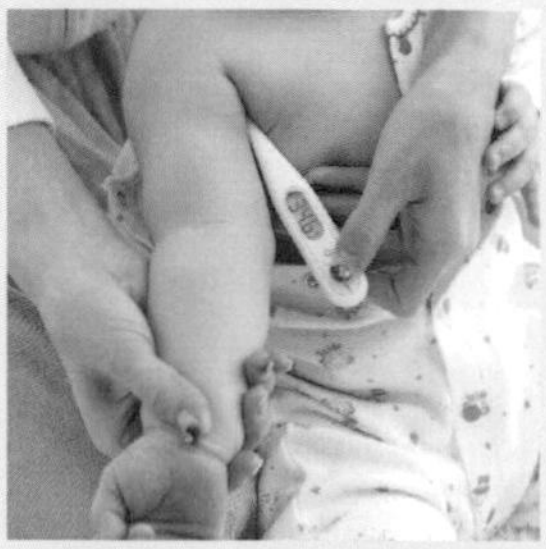

讓寶寶的手心朝上，緊緊壓住體溫計

用腋下將體溫計壓緊。讓寶寶的手心朝上，就能輕鬆夾住體溫計。

在家也能輕鬆操作

20 ～ 30 秒就能得知結果的棒狀電子體溫計

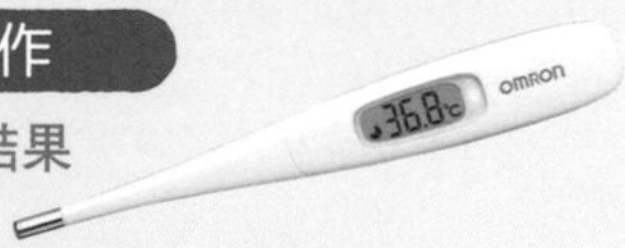

想量出正確體溫，必須要用實測型的體溫計。不過，這可能要花上 10 分鐘才能知道結果。寶寶不可能乖乖坐在那裡等，因此最理想的還是只有短短數十秒就能測出結果的預測型（顯示的數字為預測體溫）棒狀體溫計。

了解各式體溫計的特徵

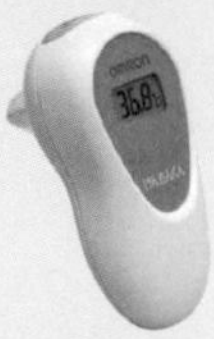

耳溫槍

耳垢會影響其準確度，容易出現偏差，所以要多量幾次。測出來的體溫會比腋下高一點。

額溫槍

操作方便，但數字會隨著接觸位置有所不同，也容易受到外界溫度的影響。測量時一定要緊貼在額頭上。

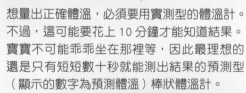

嘔吐時的水分補給

一直吐時，不要強灌

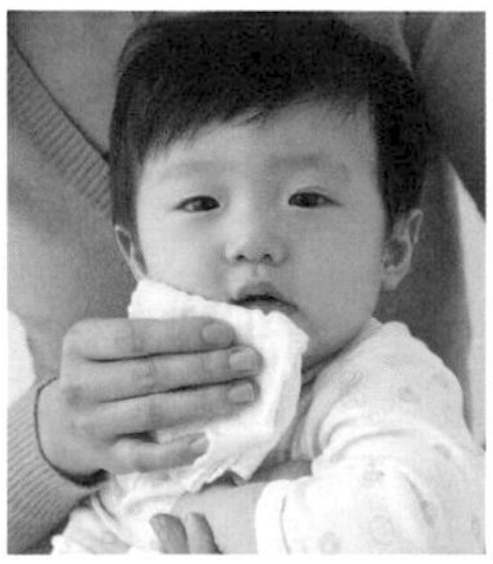

將嘴巴四周擦乾淨

有時嘔吐物的味道也會造成寶寶的不適，嘴巴四周的嘔吐物，記得用沾了溫水的紗布巾擦乾淨！

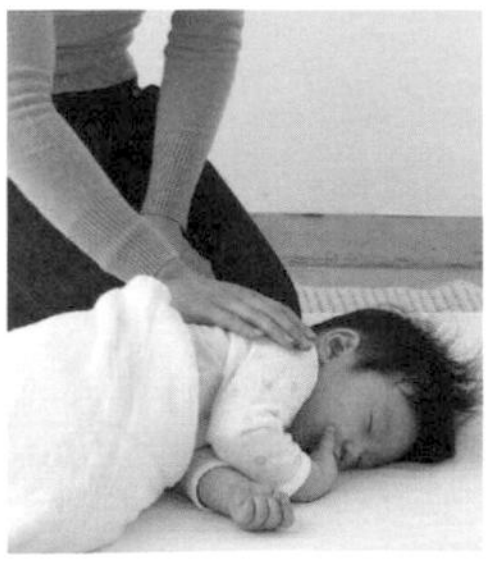

側躺能避免嘔吐物阻塞氣管

仰睡時的嘔吐物可能會造成窒息，如果不知何時會吐時，要讓寶寶側睡。

嘔吐症狀減緩時

用小湯匙餵食，一點一點補充水分

一口氣喝太多，可能會重回不斷嘔吐的惡夢。嘔吐症狀減緩後，可以每隔 5 ～ 10 分鐘，用小湯匙一口一口餵寶寶喝水。

不再出現嘔吐症狀時

用小茶杯少量補充

若用湯匙餵了幾口，都沒有吐出來，就可以用小茶杯裝水餵寶寶喝。不要一口氣喝太多，一點一點慢慢喝就可以了。

只要 30 分鐘喝完 100ml，就可以放心

恢復平常的水分補充方式

30 分鐘喝完 100ml 也沒吐時，就可以恢復平常的溫水飲用量。不過，短時間內還是要避免會引發噁心、想吐感的柑橘類飲料。

發燒時的水分補給

想喝多少奶，就餵多少吧！

如果母乳或配方奶的量跟平常一樣，就算有點發燒，水分的補給量應該也足夠了，想喝多少，就餵多少！

食物裡也有水分

人類也會從食物中獲取大量水分。如果食慾正常，吃的東西與平常相同就可以了。如果沒什麼食慾，只要吃得下，都可以餵寶寶吃。

隨時補充白開水

單純發燒時，補充白開水或麥茶就可以了。還在喝奶的寶寶，只要有乖乖喝母乳或配方奶，就不需要勉強餵食。

只要充分攝取沒問題

腹瀉・嘔吐，大量出汗時

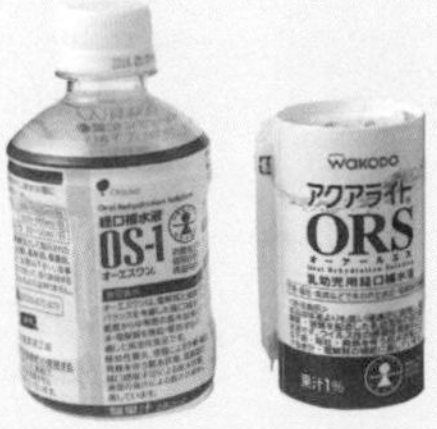

電解質水、經口補水液可預防脫水

若無法像平常一樣攝取母乳或配方奶、飲食、白開水，或是出現腹瀉、嘔吐、大量出汗等症狀時，電解質水跟經口補水液都能有效預防脫水。電解質水千萬不要拿大人喝的來稀釋，一定要使用寶寶專用的產品。

便秘時的棉花棒浣腸

用棉花棒沾取凡士林或乳液

用棉花棒的頭（有棉花的部分）沾取凡士林或乳液、嬰兒油，增加潤滑度。

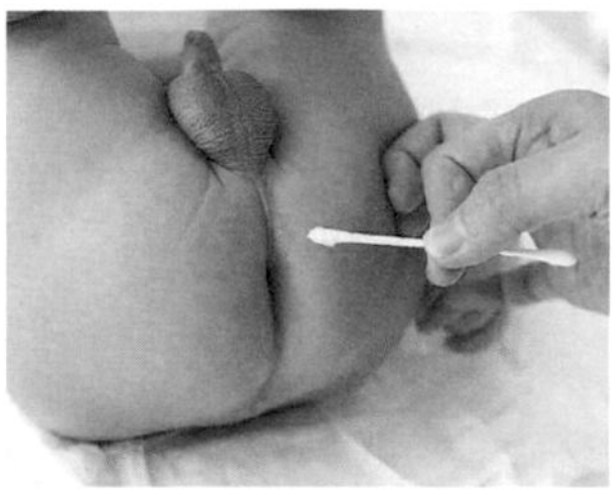

將棉花棒頭插入肛門

將棉花棒頭輕輕插入小寶寶的肛門。寶寶兩腳亂踢或身體亂動時，不要勉強硬塞。

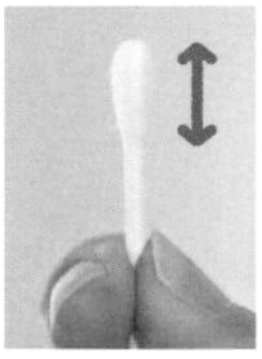

嬰兒專用棉花棒較細，因此浣腸時用的是成人棉花棒。插入的深度，以看不到棉花為準。

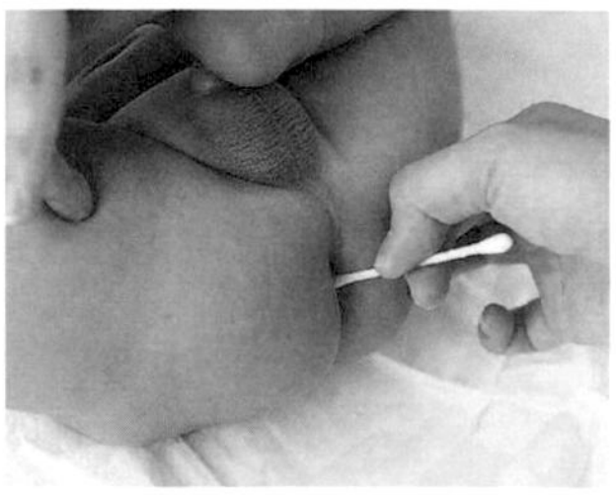

將棉花棒前端往下移動

將棉花棒直直插入肛門後，就將棉花棒前端稍微往下（朝背部方向），慢慢地將棉花棒的頭插入。

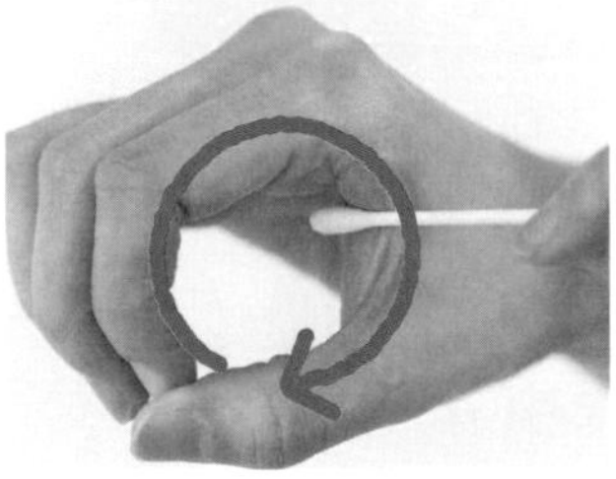

溫柔擦拭肛門外圍

不是直直插進去，而是用棉花棒的側面輕輕沿著肛門內側擦拭，刺激神經產生便意。

腹瀉時的洗屁屁方式

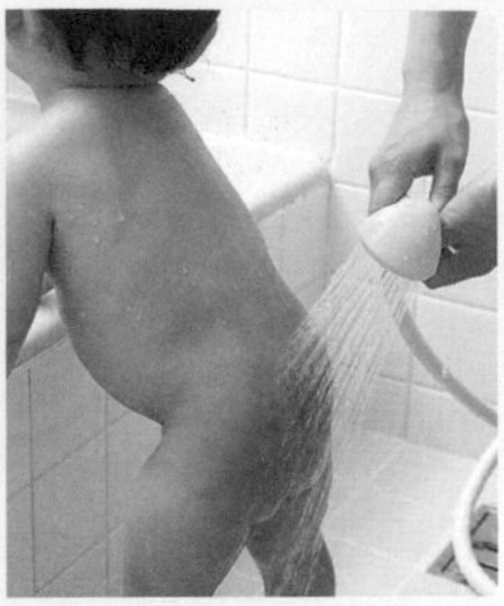

讓寶寶坐浴或是用蓮蓬頭沖洗

為避免過度刺激因腹瀉而感到疼痛的細嫩肌膚，就以坐浴、蓮蓬頭淋浴的方式來清理吧！

使用不易刺激皮膚的脫脂棉來清潔

若選擇坐浴方式，紗布巾其實也會傷害到皮膚。因此，可選擇最不易刺激皮膚的脫脂棉，清潔前先將脫脂棉泡入溫水中，吸取大量水分。

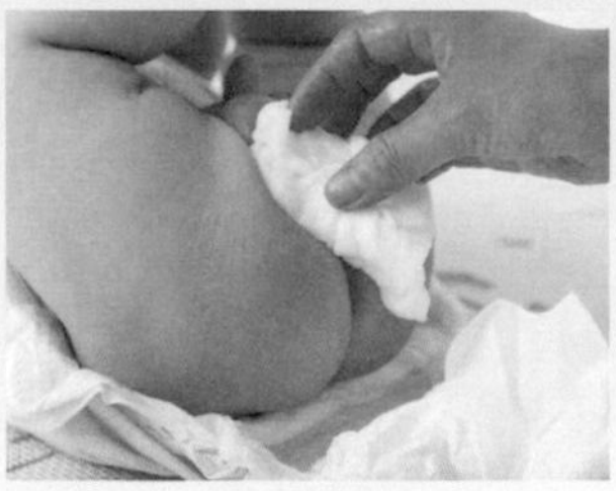

用脫脂棉輕輕擦拭清洗

用飽含水分的脫脂棉輕輕擦拭寶寶的小屁屁。水分自脫脂棉流出時，就能達到清洗效果。

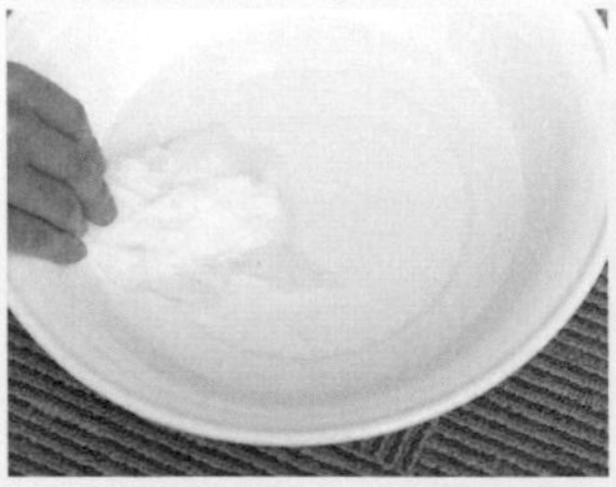

也可以使用綠茶來清潔

綠茶所含的兒茶素含有抗菌效果，因此坐浴時可用稀釋過的無糖綠茶來取代溫水。

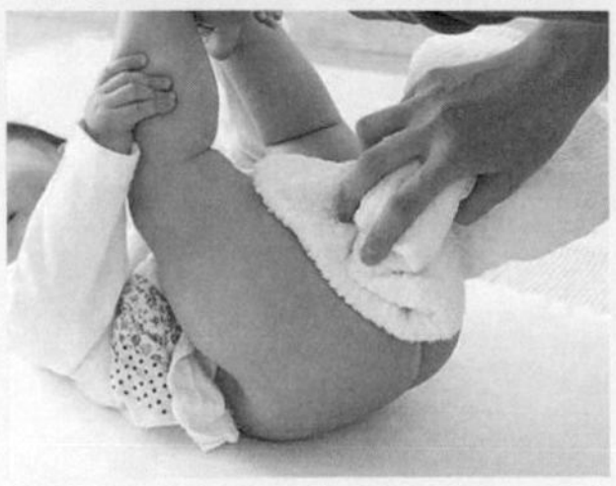

以按壓方式來擦拭水分

清潔完畢後，一定要把小屁屁擦乾。使用柔軟毛巾以按壓方式，將小屁屁上的水分擦乾，千萬別大力擦。

擦鼻涕

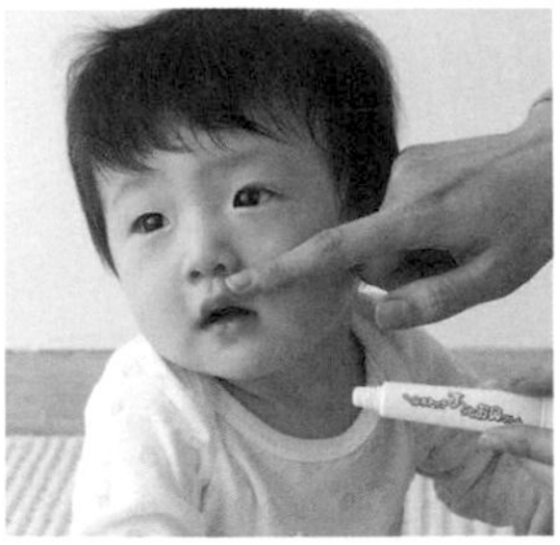

擦點保濕產品預防人中脫皮

人中很容易因為鼻涕或擦拭鼻涕時所產生的刺激而脫皮，可以擦點凡士林或乳液來保護皮膚。

用較為柔軟的衛生紙分多次輕輕擦拭

使用不刺激皮膚或較為柔軟的衛生紙，分多次擦拭鼻涕。紗巾洗過之後，還是會有細菌殘留，所以建議使用擦過即丟的衛生紙。

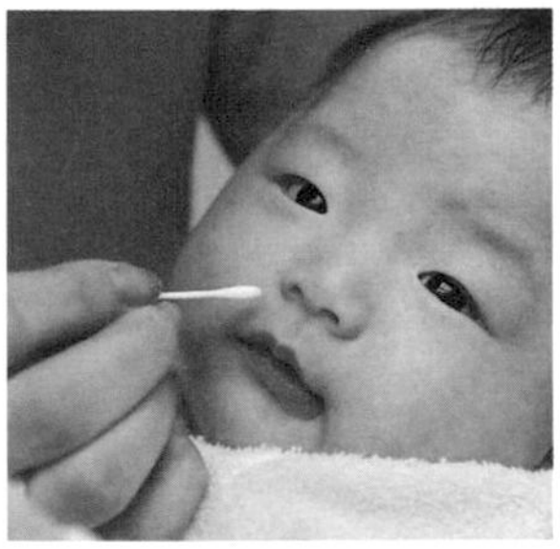

洗完澡後清潔鼻孔

剛洗完澡時，鼻屎會變軟。這時候，可用嬰兒棉花棒清潔鼻孔。無需深入內部，只要輕輕擦拭鼻孔即可。

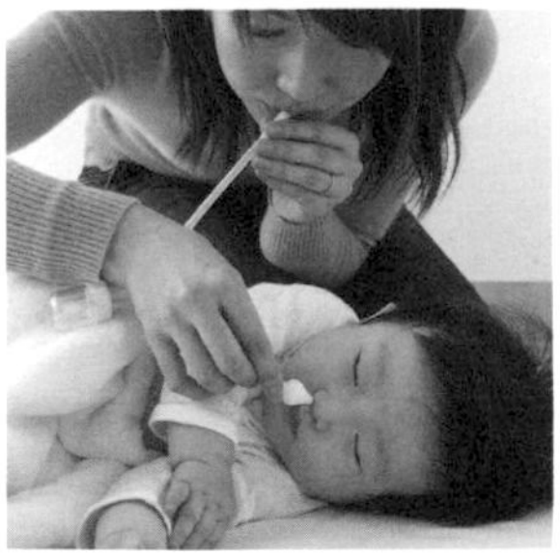

使用專門器具吸取

使用市售吸鼻器時，不需要太大力，慢慢吸就可以了。處理完畢後，大人也別忘了要漱口。不過，近來市面上也出現了家用的電動吸鼻器。

尋求醫生的協助

在家裡隨時留意寶寶的鼻涕並擦拭乾淨，是爸媽的基本常識，但若受鼻塞所苦時，可以到小兒科、耳鼻喉科請求專業協助。雖然可能沒多久又會出現流鼻涕或鼻塞，不過只要鼻子通了，寶寶的食慾也會變好。

學會自己擤鼻涕

寶寶都不會自己擤鼻涕？！雖然有些孩子過了 3 歲就學會了，但還是有一半以上的孩子不會自己擤鼻涕。因此，平常可以利用如洗澡的時間，幫寶寶壓著一邊的鼻孔，再請寶寶發出「哼」的聲音，就能慢慢學會如何擤鼻涕了。

減緩咳嗽・痰帶來的不適

輕拍背部，讓寶寶輕鬆將痰咳出

因喉嚨有痰而感到不適時，可以輕拍寶寶的背部，移動黏在呼吸道內側的痰，以幫助寶寶較快將痰咳出。

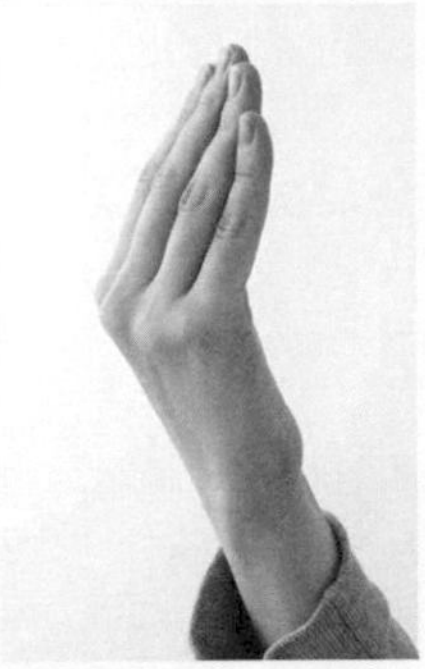

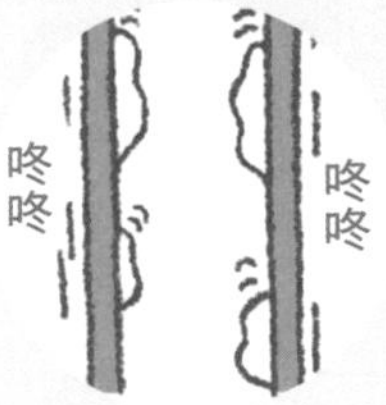

拍痰的手掌微彎變成碗狀，可讓振動較易傳達，痰也較好移動。

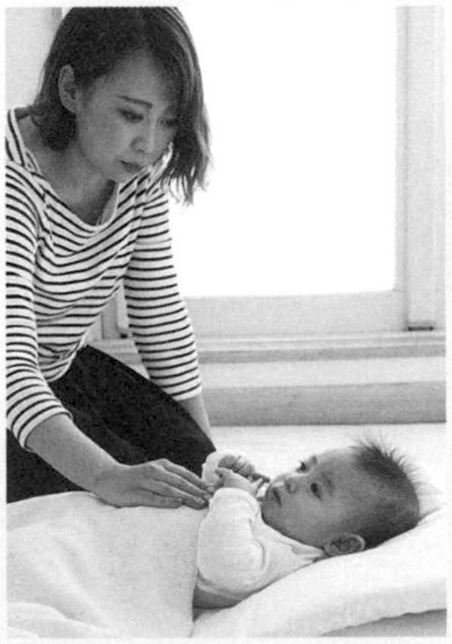

睡覺時將寶寶的上半身墊高會比較舒服

哄睡咳嗽不止的寶寶時，一個不小心反而會讓寶寶咳得更嚴重。因此，可以在毛毯下放一顆比較扁的枕頭，將寶寶的上半身墊高，呼吸也會變得比較輕鬆。

藥膏的塗抹方式

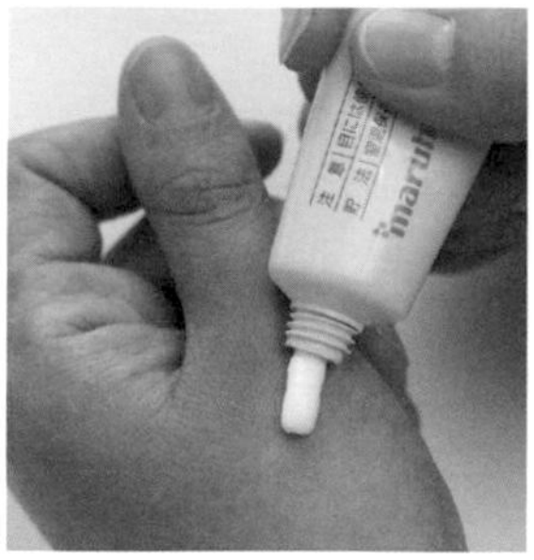

擠出所需份量即可

不要將藥膏從容器中取出後，就直接擦在患部上。洗好手後，將所需的藥膏份量擠在乾淨的手背上，再用另一隻手沾取藥膏來擦藥。

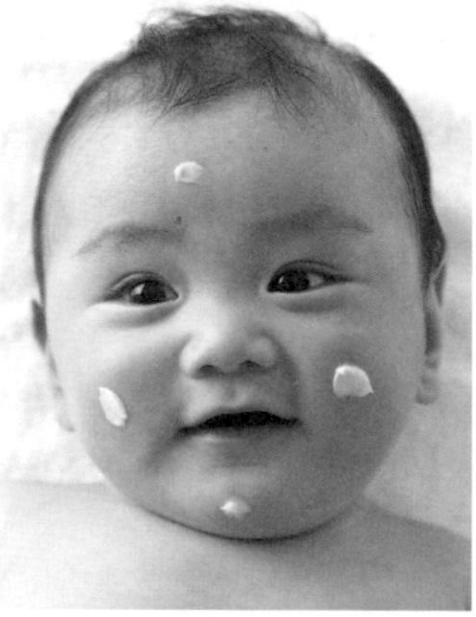

將藥膏點在想塗抹的範圍裡

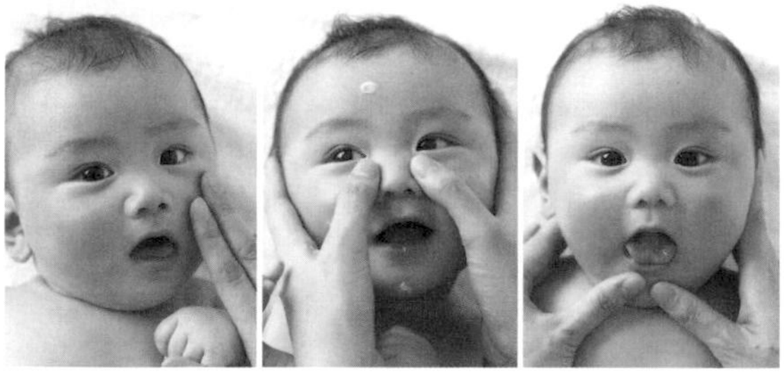

將擠出來的藥膏點在想塗抹的範圍裡，再慢慢將藥膏用手輕推。範圍較廣時，可用食指跟中指以畫圓方式推開，細微部分則可用指腹推勻。

藥膏的份量

大人兩隻手掌的範圍內

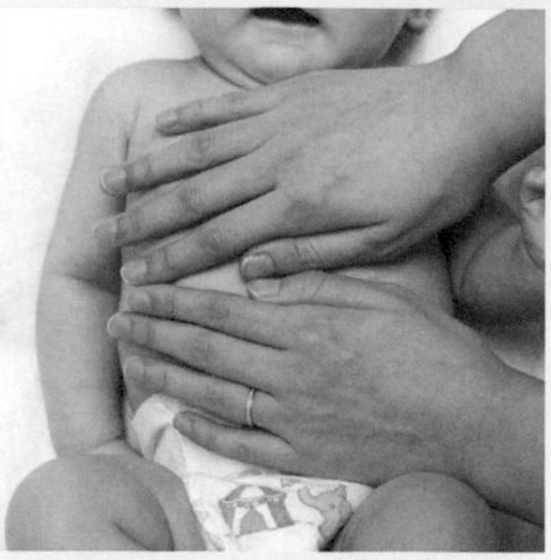

照片裡的是 3 個月大的嬰兒，大人只要兩隻手就能遮住寶寶的上半身。不過，隨著年紀的增長，能遮住的範圍會逐漸減少。

乳液等保濕產品

↓

（原尺寸大小）

乳液等潤膚產品只要擠出日幣 1 元（直徑 20mm 左右，較台幣 1 元略小一些）的大小，塗抹範圍則不要超過大人的兩隻手掌。

藥膏

↓

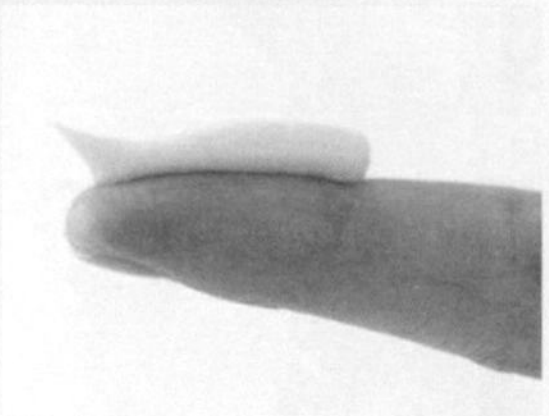

只要擠出約大人食指第一關節的份量，塗抹範圍不超過大人的兩隻手掌即可。太少效果可能不太好。

藥粉的餵食方式

分次加入少量的水

用滴管或茶匙，將 2 ～ 3 滴的水滴入 1 次所要服用的份量裡。只要幾滴就好，千萬別加太多水。

用手指輕輕按壓，將藥粉拌勻

用乾淨的手指將藥粉按壓成略硬的泥狀，一定要攪拌均勻，不要留下任何粉粒，若水分不夠，可視情況一滴一滴將水倒入。

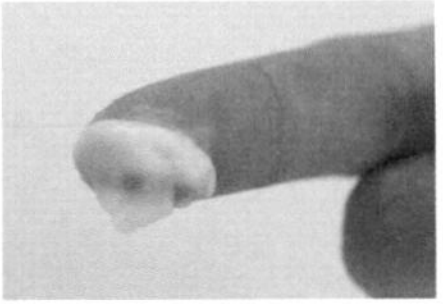

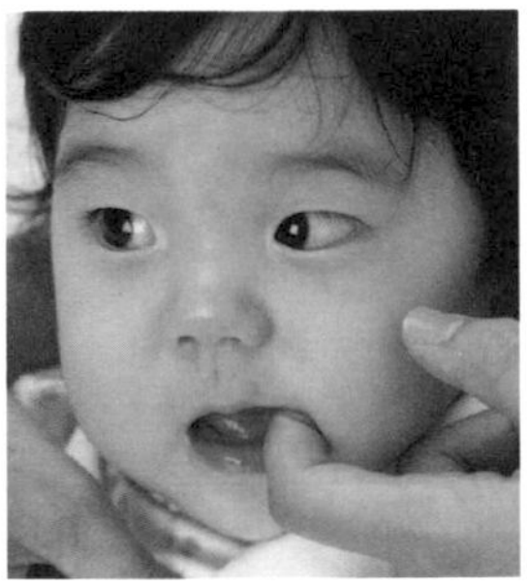

塗抹在臉頰內側

攪拌完成的藥粉沾在手指上，塗抹在臉頰內側，記得要塗在舌頭碰不到的地方，塗好後立刻讓寶寶喝點溫水。

乾糖漿

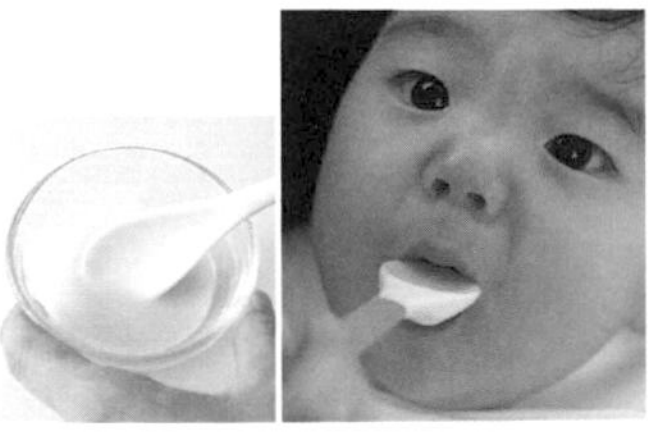

乾糖漿無法弄成泥狀。加冷水拌勻後，跟藥水一樣，直接餵食即可。

一定要用冷水，因為加熱水會變苦，使寶寶更加抗拒。

藥水的餵食方式

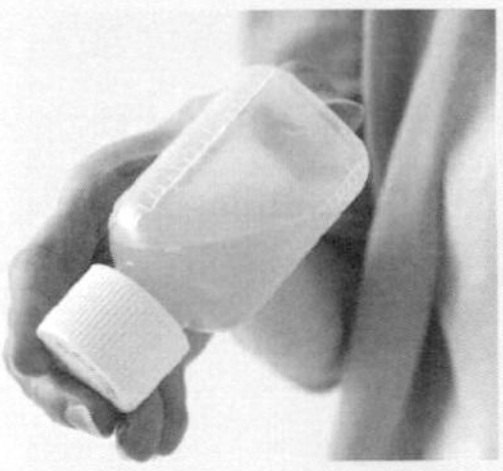

搖搖藥水瓶，避免沉澱

藥水成分會沉澱在底部，所以要先上下輕輕搖動加以混合。搖得太大力會出現泡泡，就無法倒出正確的份量。

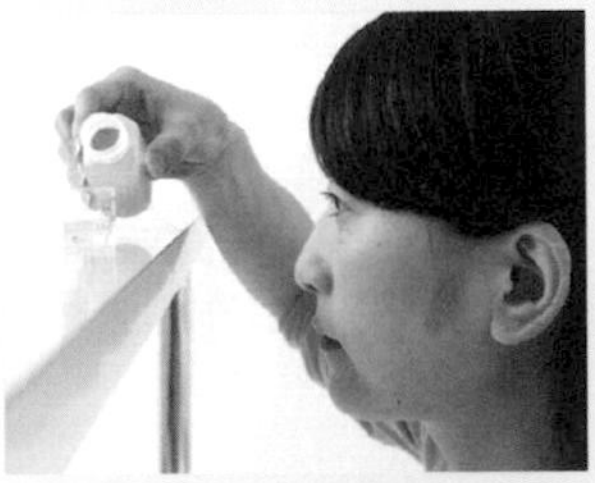

倒的時候，視線要跟藥水瓶等高

將藥水瓶放在水平處，將 1 次要服用的份量倒入隨藥附贈的量杯時，視線要與藥水同高，由上往下看，可能會產生誤差。

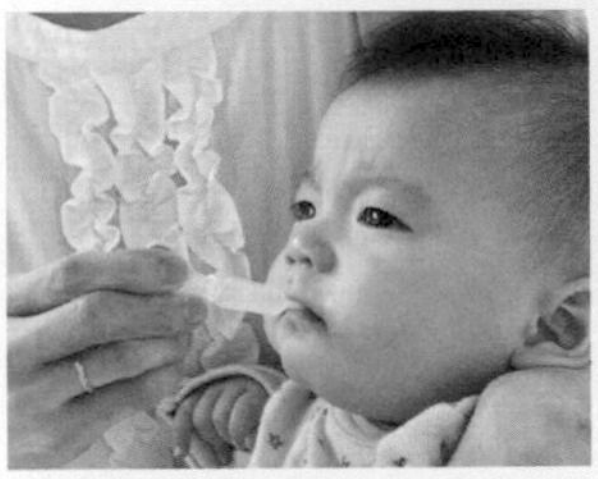

用滴管擠入寶寶口中

先用滴管吸取藥水，再慢慢擠入寶寶口中。千萬要小心別將滴管放太深，不然可能會害寶寶嗆到。

除了滴管外

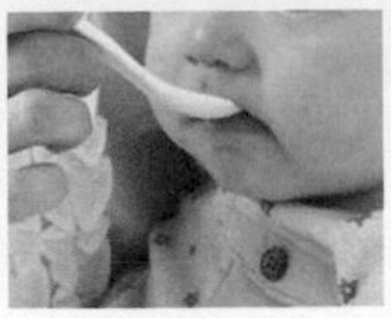

湯匙

開始吃副食品後，可用習慣的湯匙餵食。

小茶杯

用小茶杯等容器，讓寶寶一口喝下去。

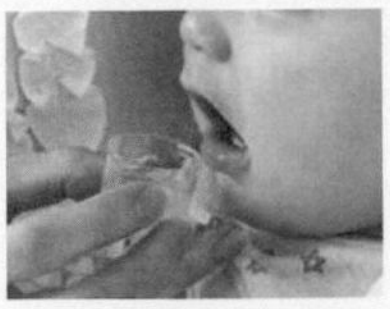

量杯

將 1 次需飲用的份量倒入隨藥附贈的量杯，直接餵給寶寶喝。

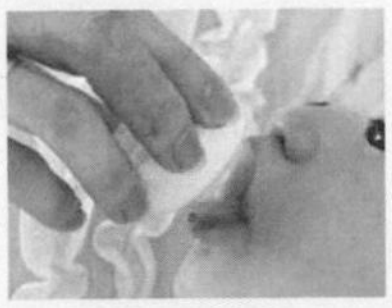

奶嘴

若是低月齡寶寶，可將藥水倒入奶瓶的奶嘴讓寶寶吸食。

眼藥水的使用方式

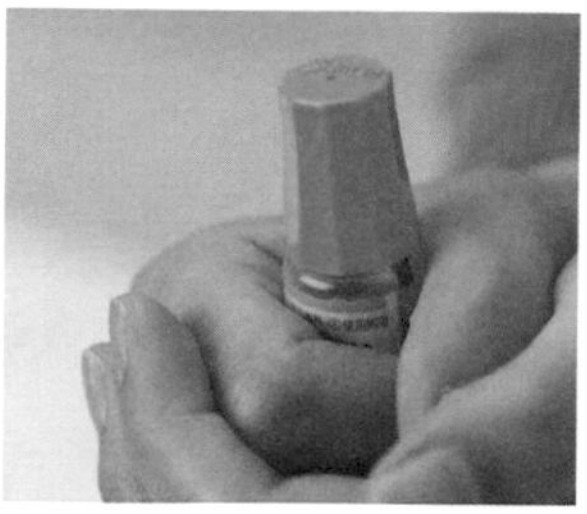

用雙手的溫度加熱藥水

為了不要冷冰冰的藥水嚇到寶寶，可先用手握住藥水瓶，利用體溫讓藥水回溫。

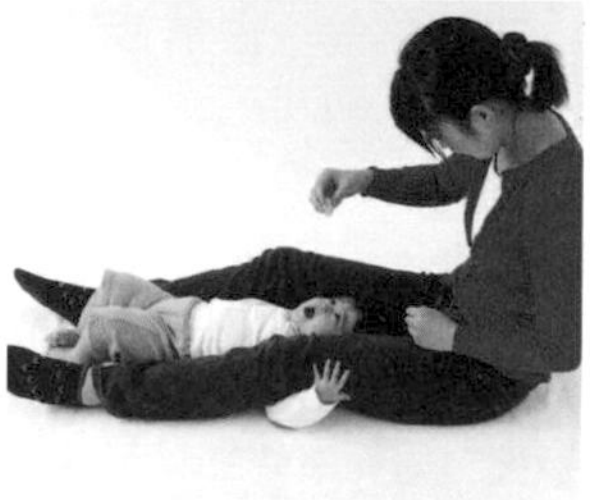

加以固定，不要讓寶寶亂動

若亂動就無法順利點藥。因此，大人可讓寶寶仰躺後，再用雙腳固定寶寶的肩膀，只壓手臂的話，可能會讓寶寶脫臼。

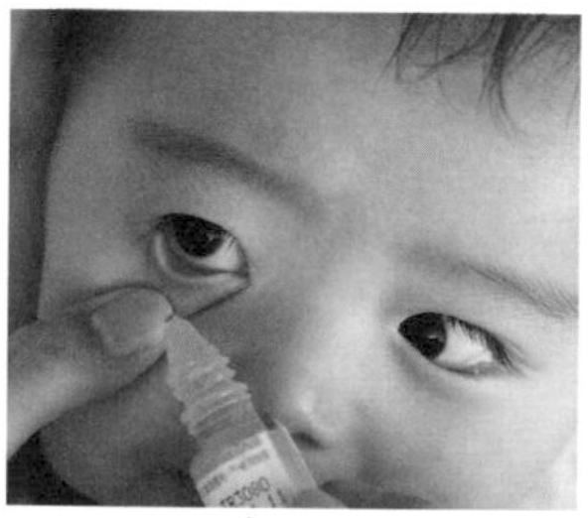

將下眼瞼翻開，滴入一滴藥水

將下眼瞼輕輕翻開後，將一滴藥水滴入眼瞼內側的眼袋部分。

無法順利進行時

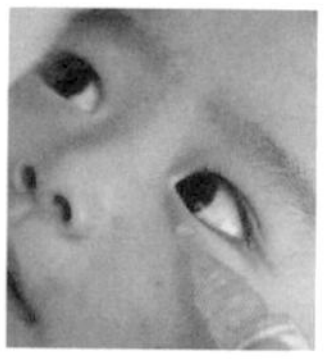

在下眼瞼滴一滴眼藥水

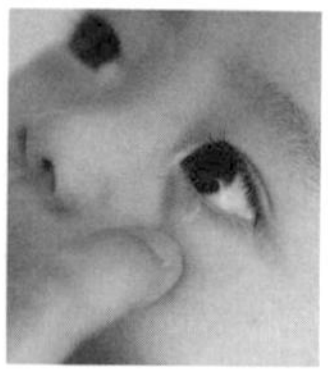

將下眼瞼輕輕翻開

將眼藥水滴在下眼瞼的眼頭附近，再將眼瞼輕輕往下拉，讓藥水流入眼中，也可以在寶寶睡著時進行。

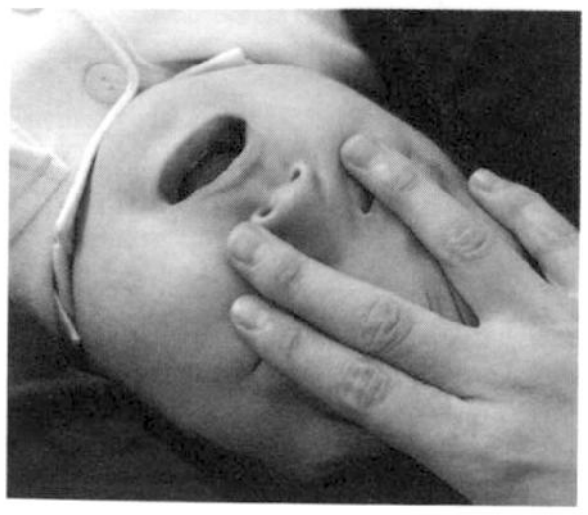

擦掉多餘的藥水，用手指輕壓寶寶眼頭

用衛生紙輕壓，擦去溢出的藥水，可以的話，按壓30秒；如果哭了，藥水也會隨著淚水流掉，因此，盡量挑選寶寶情緒穩定時進行。

耳滴劑的使用方式

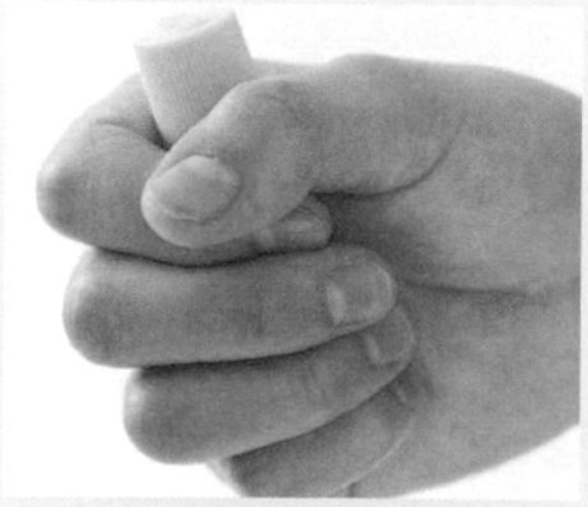

放在冰箱保存，使用前要恢復常溫

若直接滴，冷冰冰的藥水會讓使寶寶不舒服；用手握住後，利用掌心的溫度來加熱，待其恢復常溫後再使用。

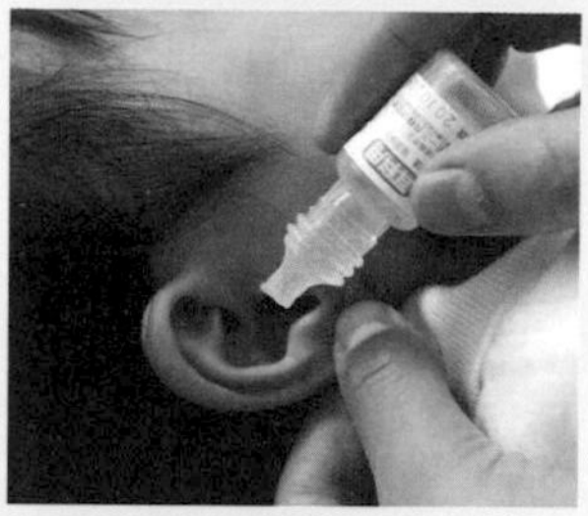

讓寶寶側躺，輕輕滴入藥劑

讓寶寶側躺耳朵朝上，滴入所需藥量；也可以選擇寶寶睡著時再進行。

↓

滴好後先側躺一陣子，讓藥水流入耳中

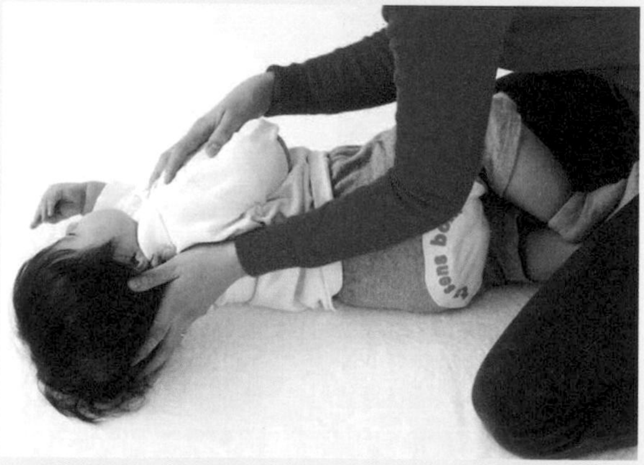

將耳垂往後並往上輕拉，讓藥水能流入耳中；可以的話，讓寶寶稍微側躺一陣子。

塞劑的使用方式

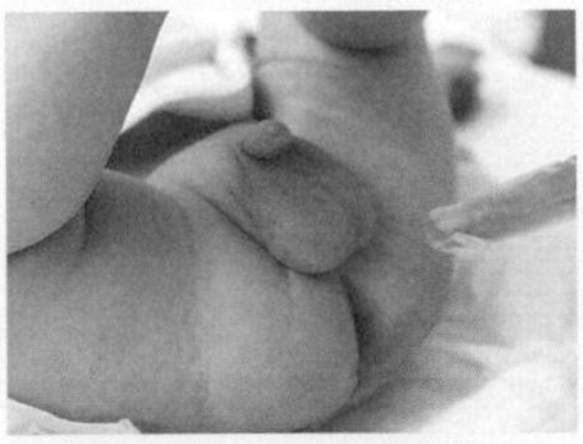

為方便塞入，可用乳液幫助潤滑

將凡士林、護手霜塗抹在肛門與塞劑上，潤滑過後，進行起來會比較順利。

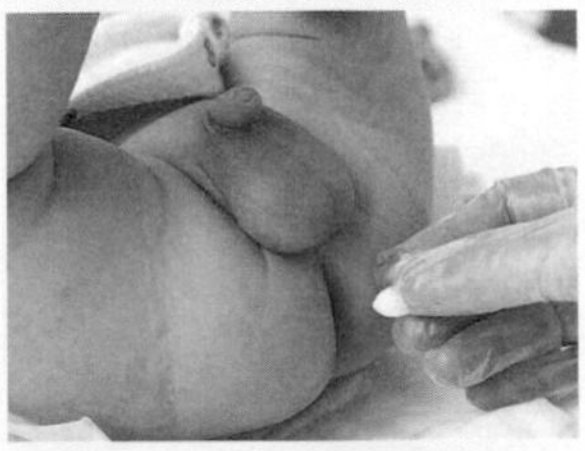

抓住雙腳，一口氣塞入

手指溫度太高，會讓藥劑較難塞入肛門。因此，剪好所需份量後，就立刻將藥劑塞入，如果是女生，千萬別搞錯肛門位置。

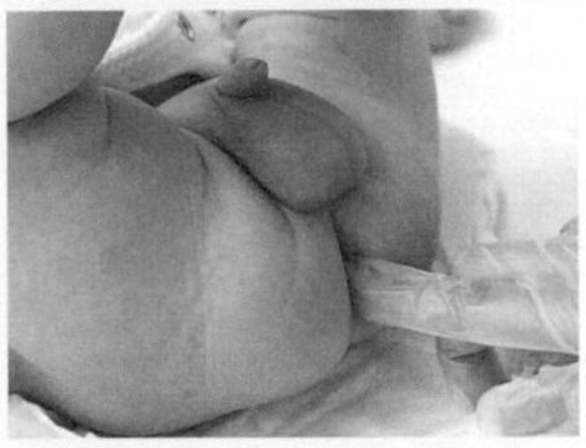

塞入深度到大人手指第一關節為止

塞入的深度是到大人手指的第一關節。到達這個位置，就表示已確實完成。深度不夠的話，有可能會跑出來。

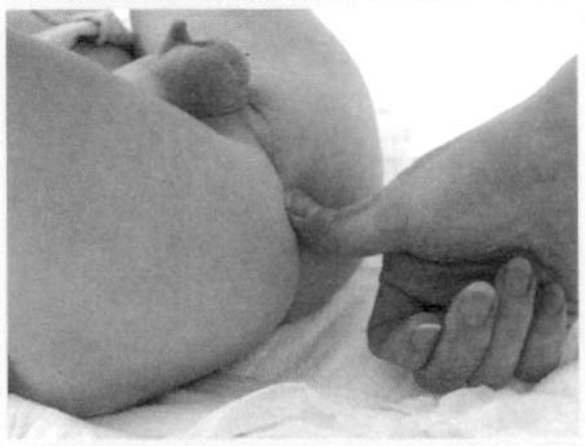

用力塞住肛門

塞好藥劑後，用手指壓住肛門一段時間。若寶寶正在哭鬧，必須等冷靜之後再進行。

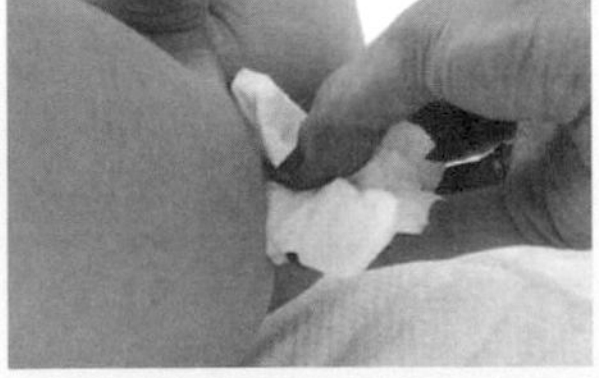

腹瀉時可用衛生紙蓋住肛門長壓約 30 秒。

剪下所需份量

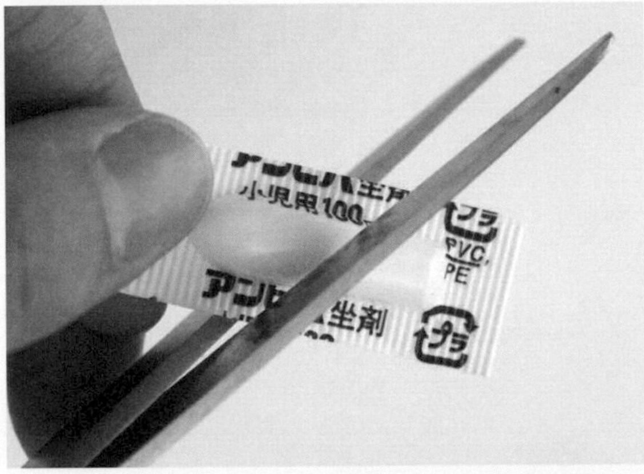

若有 1／2、1／3 的指定份量，則用乾淨的剪刀連同外包裝剪下。只使用前端部分，其餘部分丟掉。

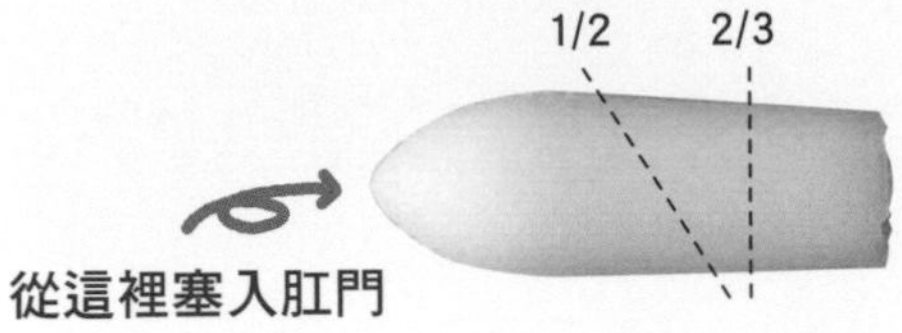

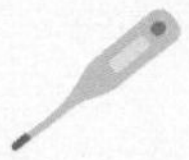

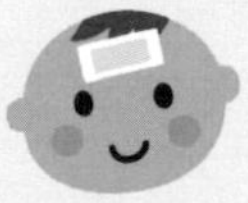

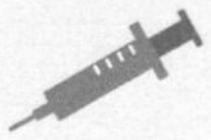

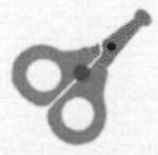

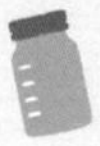

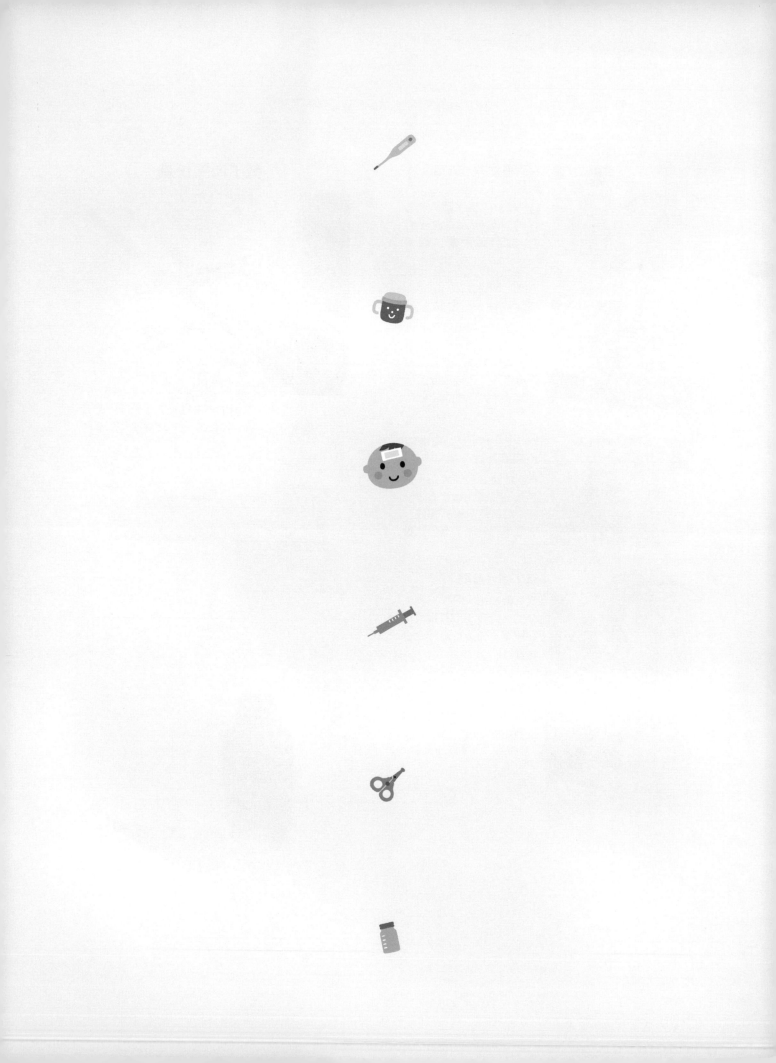

新手父母

嬰幼兒疾病家庭照護全書

漫畫全彩圖解

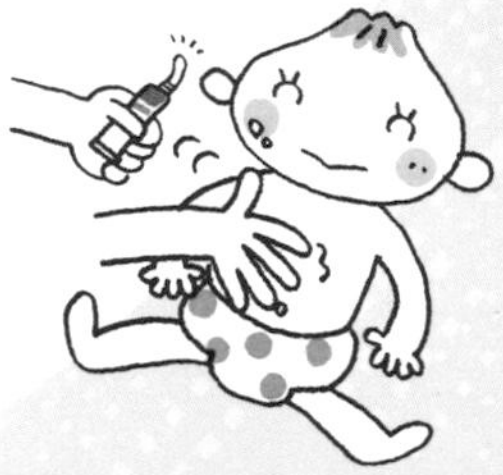

赤ちゃんが必ずかかる病気＆ケア

專業兒科醫師
土田晉也
鳥海佳代子　◎合著
宮下 守

王薇婷　◎譯

〔目錄〕

前言

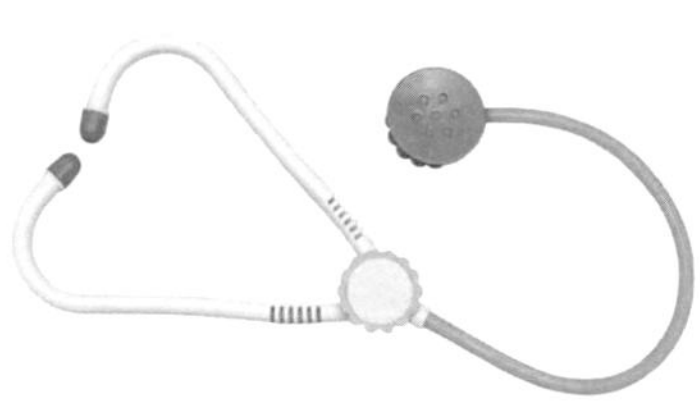

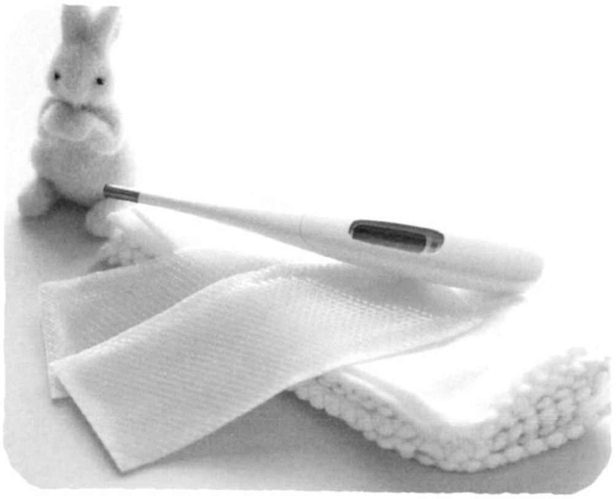

第2章

一定會得過一次的寶寶疾病事典 …… 35

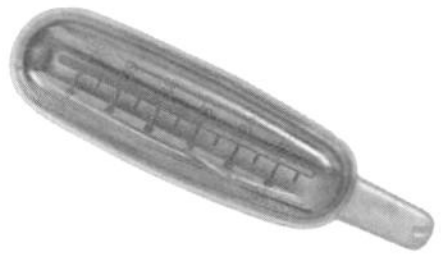

第3章 肌膚問題

第4章 學習正確知識

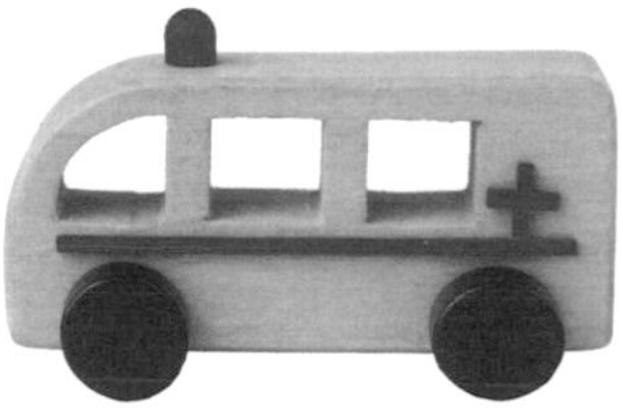

推薦序

圖解寶寶常見疾病與照顧方式

文／湯國廷　台大醫院北護分院小兒科主治醫師

兒童並非大人的縮小版，許多兒科疾病來的快且急，再加上兒童的表達能力不足，許多微小的徵狀很容易被忽略，錯失了治療的黃金時機。

很高興新手父母出版社出版了這本圖文並茂的《漫畫全彩圖解嬰幼兒疾病家庭照護全書》，這本書由日本兒科醫師群撰寫，從實用的居家照顧必備小常識到寶寶常見疾病的居家照護重點，一應俱全。更重要的，利用圖解和經驗分享的方式，能讓照顧者快速的掌握到重點。

有發燒、咳嗽、流鼻水、感冒、病毒性腸胃炎、中耳炎、便秘、肌膚或預防注射問題的寶寶幾乎占了兒科門診病患九成以上，而這本書中的Q＆A幾乎把門診中醫師與病人的對話場景搬到書中，對於有些一出醫院就忘記醫師交代的照顧者來說，實在是一大福音。

除了挑選一個令你放心的兒科醫師之外，家中如能備有像這本方便實用的工具書，寶寶即使生病，也能不手忙腳亂。

本書顧問醫生群

MAPLE 兒童診所
院長

土田晉也 醫師

日本東京大學醫學系畢業。2002 年前往加拿大多倫多兒童醫院留學。回國後，曾擔任東京都立墨東醫院新生兒科醫長、東京大學附屬醫院小兒科講師，2017 年於茨城縣取手市正式創立 MAPLE 兒童診所。個性相當溫和沉穩。

鳥海兒童診所
副院長

鳥海佳代子 醫師

日本島根大學醫學系畢業。曾於島根縣、千葉縣的小兒科服務，2010 年於千葉縣白井市開設了鳥海兒童診所。色彩繽紛的醫師服搭配上溫柔善良的個性，是一位深受家長與小孩喜愛的媽媽醫師。

宮下診所
院長

宮下 守 醫師

日本昭和大學醫學系・醫學研究所畢業。曾擔任東京勞災醫院小兒科部長、昭和大學醫學系小兒科講師，爾後於東京都大田區開設了宮下診所。詳細的講解與無微不至的診療，是深獲媽媽們信賴的資深醫師。

第1章

發燒・咳嗽・鼻涕

為什麼會發燒？

寶寶加油！

為了打敗病菌，身體會產生熱能

熱能可削弱病毒與細菌的繁殖能力

當病毒、細菌等病原體入侵時，身體會認為「這會傷害身體，不能讓它們進來」。並且發出警訊，讓大腦發出「請製造發熱物質」的指令。為什麼是「發熱物質」呢？

這是因為只要體溫一上升，就會削弱病毒或細菌的繁殖能力。同時，人體專門負責攻擊異物的武器──白血球的數量也會隨之增加，以對抗這些病毒、細菌。

因此，發燒可以說是身體正在與病毒等病原體搏鬥的訊號，是為了保護身體不受病原體侵害的保護機制。因此，就算發高燒，但只要寶寶的食慾跟睡眠都正常，就不需要使用任何退燒藥物。

第1次發燒多半出現在6個月大後

剛出生的寶寶，有來自媽媽的免疫力，所以能暫時免受病原體的侵害。6個月大之後就會自行產生免疫力，媽媽所賦予的免疫抗體就會減少。

因此，寶寶第1次發燒，通常都出現在出生後6個月至1年時。發燒的原因多半是感冒或是被稱為「幼兒急疹（Exanthema subitum）」的感染疾病。

嬰兒的平均體溫，稍微高於成人

才剛退燒又發燒的情況並不罕見。退燒的過程會依疾病種類而有所不同。但由於嬰兒的身體機能都還在發育，所以跟成人發燒・退燒的模式也不太一樣。

此外，因為嬰兒體內可製造較多熱能，平均體溫就會高一點。成人只要出現37.5~38.0℃，就是發燒。不過，這溫度對嬰兒來說其實是灰色地帶，超過38.0℃就一定是發燒。

體溫一上升，病毒、細菌的繁殖能力就會降低

剛出生的前幾個月，都是靠媽媽所賦予的免疫力來保護身體。
免疫
新生兒

發燒矩陣圖

引起發燒的疾病類型。雖然不一定百分之百準確，但可作為覺得「感覺不對勁！」時的參考。

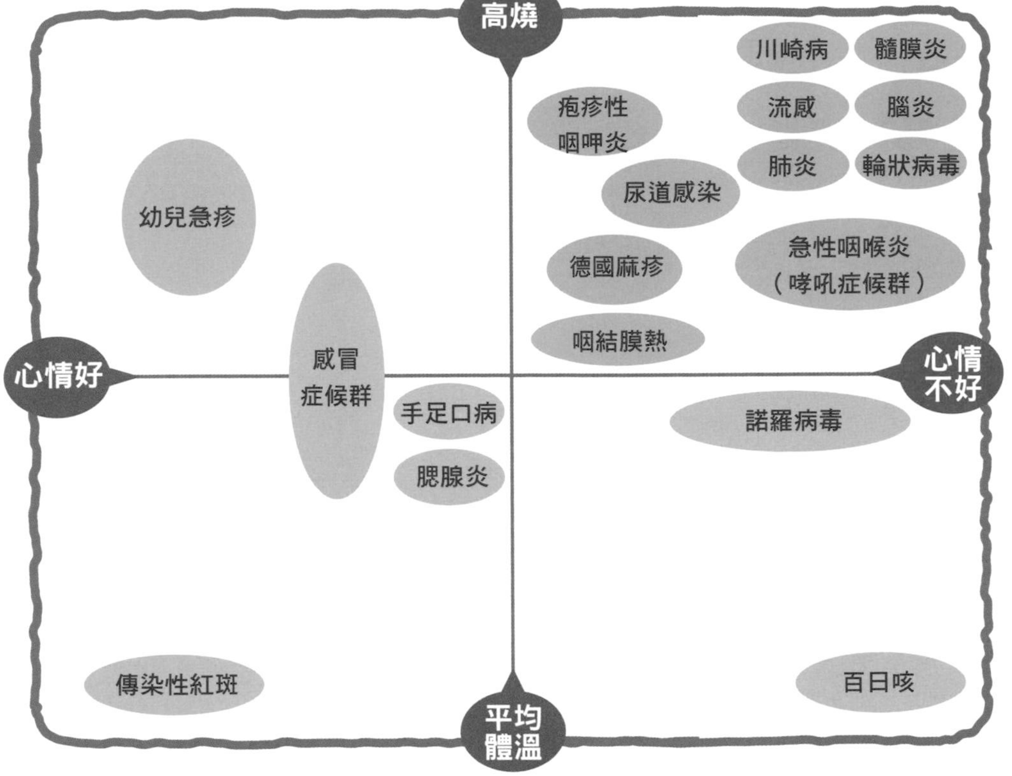
高燒
平均體溫
心情好
心情不好
川崎病
髓膜炎
疱疹性咽唨炎
流感
腦炎
肺炎
輪狀病毒
尿道感染
幼兒急疹
德國麻疹
急性咽喉炎（哮吼症候群）
咽結膜熱
感冒症候群
手足口病
腮腺炎
諾羅病毒
傳染性紅斑
百日咳

如何判斷是平均體溫還是發燒？

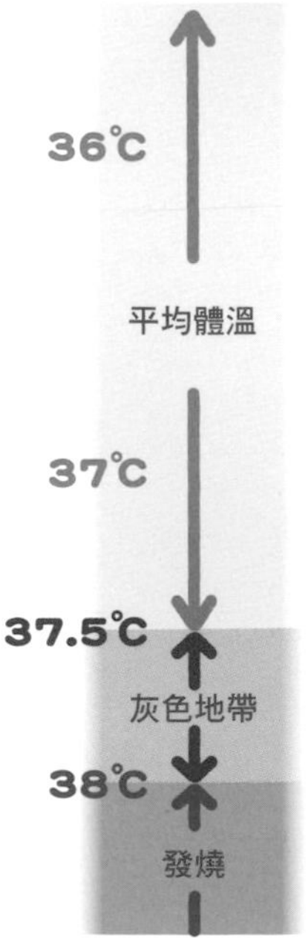
36℃
平均體溫
37℃
37.5℃
灰色地帶
38℃
發燒

內臟、血液、皮膚等的能量來源
打造身體的
能量
活動身體的
能量
或是身體活動時會用到的能量，都比成人來得多
啊～真的耶！醫生～
代謝能量則會與成人相當……
是喔！
原來如此……
要到10歲左右，小孩的平均體溫才會跟成人差不多
高
低
平均體溫
10歲

小嬰兒的平均體溫應該比大人高？
我們家的都在36.8℃
我們家的都37℃多一點

從出生到 1 歲時，嬰兒的體重會增加 3 倍左右。身體持續成長的這段時間，會燃燒養分並將其轉換成能量，新陳代謝也十分活躍。因為製造出許多能量，體溫也比成人高出許多。

想了解嬰兒健康狀態的最佳指標就是平均體溫。因為每個寶寶都有所不同，一定要確實掌握自家小寶寶的平均體溫。只要每天同一時間，如「早上起床後跟睡覺前」兩個時段量一下，2 ～ 3 天後就能有所掌握。

發燒

要燒到什麼程度才需要看醫生？

溫度高低與病情嚴重度並非成正比

只要情緒、活動力都還不錯，就持續觀察吧！

只要一發燒，就會急著想帶寶寶去看醫生吧？雖然知道「只有發燒，應先觀察一陣子」，但一看到雙頰通紅的孩子，媽媽還是會擔心。

不過，就嬰兒來說，就算燒到38、39℃，心情跟活動力都不會受到太大影響。雖然沒辦法「跟平常一樣」，但只要食慾沒有太大變化，多觀察就可以了，只要記得幫孩子補充水分，因為不是溫度越高，就表示病情越嚴重。

不要小看做父母的直覺！

什麼情況下要去看醫生呢？就簡單舉幾個例子吧！

❶ 出現發燒以外的症狀

劇烈咳嗽或嘔吐、發疹等，出現發燒以外的症狀，就必須立刻帶去看醫生。

❷ 情緒・活動力不佳

看起來跟平常完全不一樣，一直在鬧脾氣，就是得帶去看醫生的狀態。

❸ 不喝水、食慾不佳

因發燒導致身體水分流失，不攝取水分，就會造成脫水。研判標準可參考下方的「脫水危險程度檢測表」。

❹ 就是覺得「孩子怪怪的」

有這樣的感覺時，就請立刻送醫。這世界上最準確的探測器，就是爸媽的直覺，平常將寶貝照顧得無微不至的爸媽，要是覺得哪裡「不對勁」，就千萬別掉以輕心。

發燒也會造成脫水

脫水的初期症狀，只有嘴唇變乾，隨著脫水症狀的惡化，尿尿的次數跟尿量都會減少，甚至失去平時的活力。要是皮膚變得皺巴巴、超過 8 個小時沒尿尿或是全身無力的話，就是緊急情況了。一定要立刻就醫。

脫水？危險程度檢測表

輕微

- 嘴唇變乾、沒有口水
- 一喝水就吐
- 尿尿的次數或尿量減少
- 沒有精神，失去活力
- 皮膚一捏就變得皺巴巴
- 全身無力，陷入昏睡狀態

嚴重

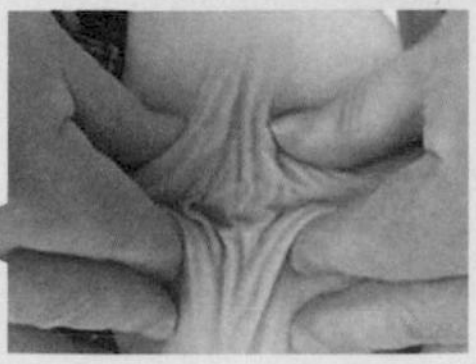

發燒時要仔細觀察寶寶的食慾與心情

太可惜了！

覺得不對勁時，立刻聯絡醫院，是非常正確的判斷。只可惜傍晚才聯絡，錯過了醫院的門診時間。

這裡要注意！

寶寶情緒與食慾明顯不佳時，就算沒發高燒也要多加留意。趁醫院關門前，立刻帶寶寶就醫。

寶寶7個月大的某天
來~啊~不想吃嗎？
哇啊
哇啊
哇啊
上午
嗚
從一大早就開始鬧脾氣，來量個體溫好了。
呃……37.3℃，平常都不會超過37.3℃耶！
好微妙喔
37.3℃
應該還不到要去看醫生的程度……再先觀察一下好了。
哇啊
哇啊
傍晚
打電話給熟識的醫生
從一早開始，體溫就維持在37.3℃，也沒什麼食慾
哇啊
哇啊
哇啊
哇啊
哇啊

今天的門診時間已經過了，明天再帶過來吧！
晚上
寶寶感覺有點呆呆，眼睛也無神……
糟糕！燒到39℃了！
哇！吐了！
嘔
夜間急診
救救寶寶吧~
去醫院吧！

出現以下狀態時，就算半夜也要立刻送醫！

- ☑ 不滿 3 個月但發燒超過 38℃
- ☑ 不只發燒還出現類似顫抖的「痙攣」，超過 5 分鐘
- ☑ 呼吸困難，喘氣時肩膀不斷上下抽動
- ☑ 尿尿次數大幅減少，全身無力
- ☑ 除了發燒外，還不斷腹瀉、嘔吐

不管體溫高低，只要出現上述症狀，即便是三更半夜也要立刻就醫。痙攣持續 5 分鐘以上，就不太可能是暫時性的症狀。

Nice 判斷！

立刻就醫的判斷相當正確。爸媽下意識覺得「不對勁」，就是孩子出現異狀時最準確的探測器。

這裡要注意！

反應遲鈍、嘔吐等，都是病情持續惡化的警訊。發生在半夜時，千萬別想說等到早上再說，一定要立刻掛急診。

發燒時的居家照護

在舒適的室溫下，隨時補充水分，保持安靜

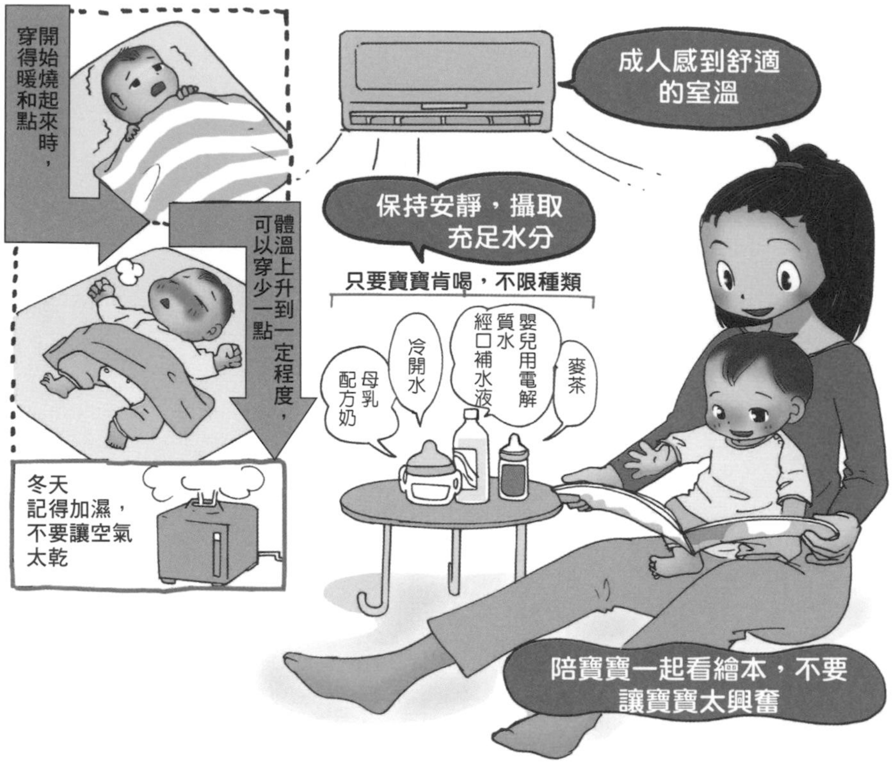

不要穿太多

穿太多熱能會累積在體內，反而更危險，如果臉變紅就不要讓寶寶穿太多。

安靜

保持安靜並不表示整天都要讓寶寶睡覺，可以念繪本給寶寶聽，或是躺著聽媽媽說話，不要讓寶寶太興奮就好。

補充水分

照顧發燒的寶寶時，最重要的就是水分補給。不需要準備什麼特別的飲料，只要肯喝，就一點一點餵寶寶喝。

只要肯喝，無論是母奶或開水，都可以慢慢餵寶寶喝

發燒時，身體會發燙流汗，呼吸也會變得不順，水分也會從皮膚跟呼吸中逐漸流失。因此，隨時補充水分預防脫水是非常重要的。

母乳、配方奶、冷開水等，只要寶寶肯喝都可以。雖然嬰兒用電解質水或經口補水液都能有效補充水分與電解質。不過，也不用拘泥於此，只要肯喝，就慢慢餵寶寶喝。

另一個重點就是要盡量讓寶寶安靜地待在舒適的環境裡。發燒是在跟病原體戰鬥，所以，要盡量讓寶寶保持安靜，睡眠要充足，不要隨便消耗與病原體戰鬥的體力；睡不著就表示還有體力，也不需要硬把孩子哄睡。不過，千萬記得別讓寶寶太過興奮。

室溫要維持在成人覺得舒適的溫度。開始燒的時候，讓孩子穿暖一點，燒到某個程度，臉又變紅時，就不要穿太多；把多餘的棉被或外套都拿掉，不要讓熱悶在身體裡。

發燒不會傷到大腦

危險的是跑進大腦裡的病毒或細菌

高燒維持在39、40℃時，很多爸媽都會擔心「燒成這樣，會傷到大腦」。但其實熱度本身並不會造成腦部傷害，發燒是為了跟病原體戰鬥，因此不必勉強退燒。

大家應該多少都有耳聞「高燒不退造成腦部後遺症」的案例吧！但造成傷害的原因並非高燒，而是因為病毒、細菌等進入腦中，引發腦炎、腦病變、髓膜炎等，這類疾病大多伴隨高燒，才會讓人誤以為是「發燒引起」的。

造成腦部傷害的並非高燒，而是病毒或細菌。除此之外，發高燒也並非讓大腦容易遭到病原體入侵的原因。

為了不讓大腦受到傷害，最重要的並不是想辦法退燒，而是盡量避免感染會造成腦炎、腦病變的病毒或細菌。就算感染，日後也會增強將這些病菌通通趕出去的免疫力。

平常多留意不要沒事就到人多的地方，盡量不要造成身體太大負擔就可以了。

是否該使用退燒藥？

發高燒時只要吃得好睡得好，就無需使用退燒藥。全身無力又不想喝水時，可能就要利用藥物稍微退燒一下，就算體溫再上升，使用退燒藥也是為了讓孩子在與病原體戰鬥時能稍微休息一下。使用退燒藥，平均來說也只有降低1℃。

出現熱痙攣時該怎麼辦？

第一步是將孩子的衣服鬆開，將臉側轉。怕孩子咬到舌頭而將毛巾等物品放入口中讓孩子咬住是很危險的，千萬不要這麼做。測量身體持續痙攣時間的同時，觀察孩子身體抖動的方式是否為左右對稱等，大多數的情況，都是過了幾分鐘就會停下來，情況穩定後就可以帶孩子去看醫生。持續超過5分鐘就立刻打電話叫救護車。

一換季就會發燒的疾病

秋～冬 天氣寒冷時

高燒、劇烈嘔吐、腹瀉等症狀

冬天一變冷，各式各樣病毒就紛紛出籠。最廣為人知的包括流感病毒以及RS病毒。冬天的乾燥氣候，也會讓病毒變得更加活躍。

此時出現的就是「嚴重的感冒症狀」，不但會發高燒，全身狀態也會隨之惡化。罹患RS病毒的成人，症狀都很輕微，不過，若是嬰兒，就會造成支氣管、肺部的「下呼吸道」發炎，引發細支氣管炎或肺炎，造成寶寶呼吸困難。

另一個冬天疾病的代表，就是輪狀病毒或諾羅病毒引起的病毒性腸胃炎。雖然不會引發高燒，但會持續嘔吐、腹瀉，這時候就要多加留意，別讓寶寶出現脫水症狀。

千萬要小心

- ☑ 流感
- ☑ RS病毒感染症（呼吸道融合病毒）
- ☑ 病毒性腸胃炎

春～夏 天氣炎熱時

因發燒而出現疹子的「夏季感冒」

天氣一變熱，腺病毒、克沙奇病毒、腸病毒就會變得活躍。這些病毒會引發手足口病、皰疹性咽呷炎、咽喉結膜熱等，俗稱夏季感冒的疾病。因為病毒的種類五花八門，所以可能會重覆中獎好幾次。

這些夏季感冒的共通特徵就是，除了發燒外，身體還會出現許多小疹子。發疹部位不只是手腳，還包括肚子、背部，甚至連口腔內部都有可能。長在嘴巴裡的疹子，會讓寶寶痛到連吞口水都覺得不舒服；長在身上的疹子，則會讓寶寶在大熱天不想吃東西、喝水。這時候一定要千萬小心，別讓孩子出現脫水症狀。

千萬要小心

- ☑ 手足口病（腸病毒）
- ☑ 皰疹性咽呷炎
- ☑ 咽喉結膜熱

冬天的疾病持續惡化時，可能會引發更加嚴重的症狀

流感、RS病毒感染症會併發肺炎、細支氣管炎、呼吸困難等症狀。病毒性腸胃炎會引發腹瀉、嘔吐造成脫水，流行期間盡量避免到人多的地方，回家後也要立刻洗手。若是流感、輪狀病毒所引發的感染性腸胃炎，可藉由施打疫苗來有效預防。

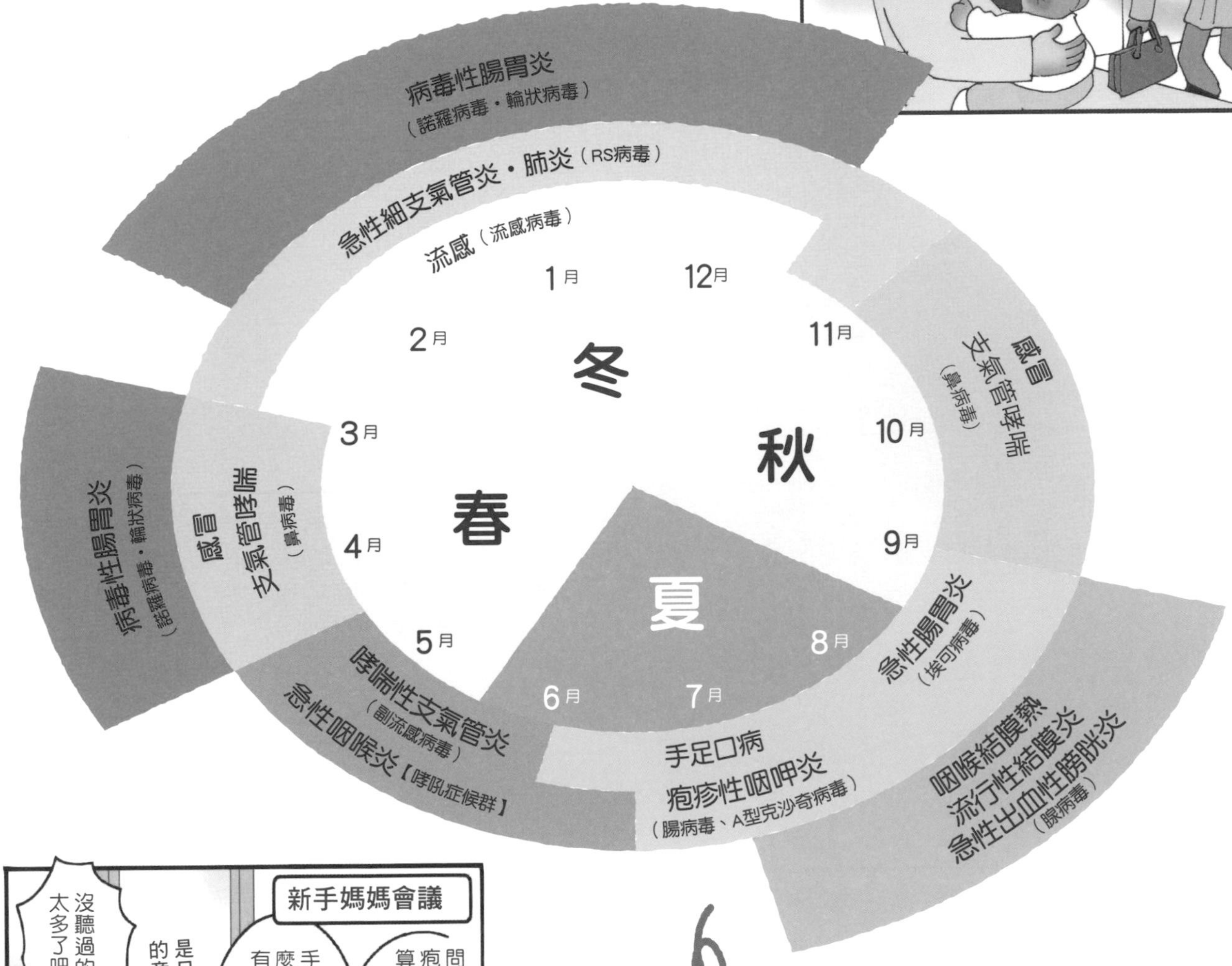

夏天的疾病多半都會出現發燒＋出疹子的症狀

俗稱夏季感冒的手足口病、疱疹性咽呷炎、咽喉結膜熱的特徵都是發燒＋出疹子。嘴巴裡的水泡破掉會很痛，就會變得不太想喝水，這時候可以分多次餵孩子吃點好入口的布丁、果凍、冰淇淋、營養湯品。

為什麼會咳嗽、流鼻涕？

咳嗽、鼻涕的任務，是保護身體不被外來異物傷害

只有咳嗽、流鼻涕時，不用太擔心

有異物跑進來時，人體會下意識想把它趕出去。咳嗽、流鼻涕都是其中的一種反應。

從鼻子或嘴巴進入身體的空氣通道，稱為氣管。將跑進氣管的細菌、病毒趕出去時所分泌出的黏液（痰），會透過咳嗽的方式將其排出體外。要將鼻子裡的異物沖洗出來時，分泌的物質就是鼻涕。

因此，看到寶寶咳嗽、流鼻涕時，不用急著餵寶寶吃藥。不過，劇烈咳嗽或鼻涕可能會消耗過多體力，因此可用藥物來減緩症狀，恢復體力後來對抗病毒、細菌。

如果出現咳嗽、流鼻涕的症狀，也不用太擔心。寶寶的氣管、鼻腔都比成人敏感，只要一點小刺激，如空氣乾燥、冷風等就會咳嗽、流鼻涕。「常常咳嗽」、「鼻涕流不停」通常只是因為受到外界的一點刺激，了解之後，就不必擔心。

要注意的是「濕咳」

乾咳或是鼻涕流不停，但若精神、活動力都還不錯就是普通感冒，在家觀察就可以了。

要留意的是可能會惡化成重大疾病的咳嗽，如百日咳、咽喉炎（哮吼症候群）、細支氣管炎、肺炎等都可能會突然惡化，因此，若是發現左頁圖有提到的特殊咳嗽聲，就要立刻送醫。

一般來說，要特別留意的是聽起來發生像狗吠的咳嗽、聲音沙啞等有痰的「濕咳」，這樣的咳嗽聲就是支氣管、肺部等呼吸器官受到病毒感染的最好證據，「濕咳」不能用藥物強壓下來，而是要搭配「可以把痰咳出來」的藥物。

「把對身體有害的東西」趕出去，是一種防禦反應

聽聲音就知道？疾病的嚴重程度

發炎的部位不同，疾病的嚴重程度也會有所不同。發出咳咳聲的乾咳，多半都是比較輕微的疾病。

★代表的是疾病的嚴重程度

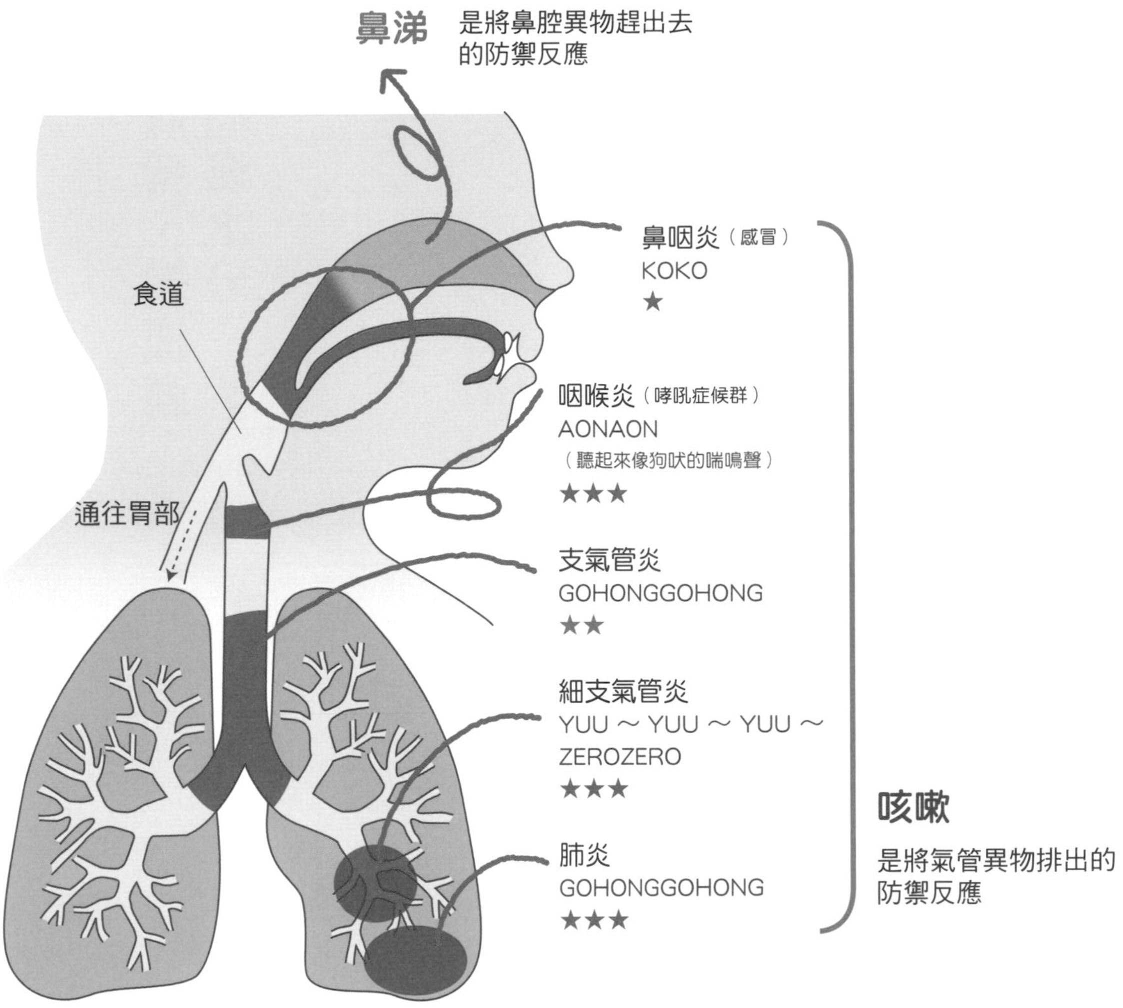

鼻涕 是將鼻腔異物趕出去的防禦反應
食道
通往胃部
鼻咽炎（感冒）
KOKO
★
咽喉炎（哮吼症候群）
AONAON
（聽起來像狗吠的喘鳴聲）
★★★
支氣管炎
GOHONGGOHONG
★★
細支氣管炎
YUU ～ YUU ～ YUU ～ ZEROZERO
★★★
肺炎
GOHONGGOHONG
★★★
咳嗽
是將氣管異物排出的防禦反應

鼻涕流不停會導致中耳炎？

耳朵裡的中耳發炎就是所謂的急性中耳炎。引發中耳炎的細菌或病毒，不是從耳朵，而是從鼻子或喉嚨進入人體，透過連接喉嚨與耳朵的耳咽管所感染的。

雖然鼻涕、鼻塞不是造成中耳炎的直接原因，但鼻涕裡含有大量病毒、細菌。因此，鼻涕流越久，病毒、細菌就越有可能經由耳咽管跑到中耳。若鼻涕流超過一週，就去看醫生吧！

造成聽起來很痛苦且咳嗽聲持續不斷的「支氣管哮喘」跟「哮喘性支氣管炎」是一樣的嗎？

支氣管哮喘
哮喘性支氣管炎
過敏性疾病
病毒・細菌所引發的感染疾病
原來病因不一樣啊！

支氣管哮喘是過敏性疾病，哮喘性支氣管炎是感染疾病。兩者是不同的疾病，雖然都會讓支氣管變狹窄，但哮喘是因為過敏反應導致支氣管肌肉緊縮，哮喘性支氣管炎就是因為痰等分泌物堆積體內所造成的。雖然不易分辨，但會罹患哮喘性支氣管炎的孩子多半都有過敏體質，進入幼兒期後也可能被診斷為支氣管哮喘。

咳嗽&鼻涕的居家照護

保持空氣清新、增加濕度、隨時補充水分

洗澡時吸點熱水蒸氣，可減緩不適

水分與溫度是居家照護的關鍵。開始咳嗽、流鼻涕時，要更加勤於補充水分；乾燥時可使用加濕機增加濕度。攝取水分能避免痰變得濃稠，讓氣管黏膜保持濕潤，減緩咳嗽。

讓室內維持在最舒適的溫度，不要太熱或太冷。冬天使用暖氣設備時，為了不讓空氣變混濁，每隔幾個小時就要開窗通風換氣。讓孩子穿著較寬鬆的衣物，在室內安靜養病。

沒發燒時，可以讓寶寶洗澡時吸點熱水蒸氣，讓呼吸變得順暢一點。也可以用毛巾熱敷鼻根減緩不適。

而是選用加濕&較不具刺激性的照護方式

偶爾要換一下氣！
加濕
用吸鼻器把鼻涕吸出來，會舒服一點！

房間空氣要保持清新

可以不時開窗換氣。香菸的微粒子還是會造成喉嚨、鼻子的刺激，想抽菸時也要忍住。

讓氣管保持濕潤，加濕很重要

氣管黏膜太乾，就無法有效發揮作用。空氣太乾時，可以使用加濕機或濕毛巾，讓濕度維持在 50 ～ 60%。

將上半身墊高，保持呼吸順暢

仰睡時，內臟會將橫膈膜往上推壓迫到肺部。讓脖子到背部維持一直線，並將上半身墊高，就能讓呼吸變得較為順暢。

盡量把鼻涕吸乾淨，保持呼吸順暢

把鼻涕吸乾淨，會比較好呼吸，可以使用市售吸鼻器來吸取。無須勉強，若吸不乾淨，就到醫療院所請求專業協助吧！

太嚴重時，還是去看醫生吧！咳嗽會消耗大量體力，因此可以開一點減緩咳嗽症狀的藥物。如讓痰更容易被咳出的「祛痰劑」、抑制咳嗽中樞的「非麻醉性中樞鎮咳劑」、擴張支氣管的「支氣管擴張劑」等藥物。服用時一定要遵照醫囑喔！

有必要吃止咳藥？

醫生開的處方藥，多半都是為了讓痰比較好咳出來

出現咳嗽症狀時，醫生開的多半不是「止咳藥」，而是避免讓痰變濃或是促進氣管運作等，讓痰比較好咳出來的藥物。只要把痰咳出來，就能將病菌趕出身體，呼吸也會變得順暢。

不需要使用市售藥品

有些爸媽可能會想說，若還沒嚴重到要去看醫生，就買點成藥給寶寶吃。不過，既然認為不需要看醫生，又何必要吃藥呢？相反地，若症狀太嚴重，孩子看起來很不舒服時，光吃成藥也沒用。

不一定是生病！

出現奇怪的咳嗽聲時，應確認是否有異物

突然咳嗽，可能是因為「誤嚥」

吃下肚的食物沒有送到胃，反而跑到氣管，這就是所謂的「誤嚥」。誤嚥會讓人突然咳個不停，其中最需要注意的就是花生碎片，誤嚥的花生碎片會阻塞支氣管，造成呼吸困難。

若想取出氣管內的異物，就必須全身麻醉

懷疑是誤嚥時，要先進行X光檢查來確認異物位置，再將全身麻醉，利用專門器具將異物取出。因此，一定要將鈕釦、小珠子收好，也別讓不滿 4 歲的孩子吃花生。

花生
要是不小心跑進支氣管，就出大事啦！

無需將症狀強壓下來，

拍拍背比較好將痰咳出來

將寶寶豎直抱起輕拍背部，就能將振動傳到附著在氣管上的痰。訣竅在於要將手掌微彎成碗狀。

氣管裡
痰
咚
咚
比較好將痰咳出來

讓寶寶攝取刺激性低並富含水分的食物

出現咳嗽症狀時，要讓寶寶攝取比平常更多的水分。盡量避免給寶寶吃太粉太乾、有酸味或太硬的食物。

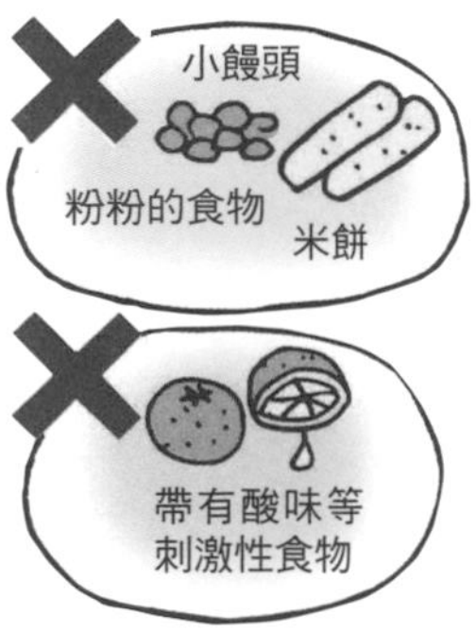
小饅頭
粉粉的食物
米餅
帶有酸味等刺激性食物

發燒・咳嗽・鼻涕的 Q&A

發燒

Q 發燒時要多久量1次體溫？

A 一天3～4次，測量時間要固定

溫度高低並不會對照護方式造成影響，所以不需要動不動就幫寶寶量體溫。分成早・中・傍晚・夜晚，一天量個3～4次就可以了。固定時間測量並加以記錄，可提供醫生做參考。

Q 室溫要維持在幾度？夏天跟冬天的注意事項是否有所不同？

A 室溫設定在「大人覺得舒適的溫度」

依父母的感覺來判斷，是不會有什麼問題的。寶寶看起來有點冷的話，就稍微把溫度調高。臉紅紅看起來有點熱時，就脫掉一件衣服。空調出風口不要正對人，冬天比較乾燥，可以用加濕機等將濕度維持在60％左右。

Q 寶寶發燒時，讓他多穿一點流點汗會比較好？

A 流汗就會退燒是錯誤觀念

寶寶的體溫調節功能尚未完備。穿太多反而會讓熱度悶在體內，出現脫水症狀。開始發燒時，會因為畏寒而手腳冰冷，因此，覺得寶寶臉色蒼白，看起來很冷時，就要讓寶寶穿暖和一點。燒到一定程度後，可以脫去身上衣物，不要讓寶寶穿太多。

Q 寶寶不喜歡額頭貼退熱貼，不貼又擔心寶寶會一直燒？

A 退熱貼不具任何退燒效果，不喜歡就不要勉強

用了退熱貼之後，就算溫度降下來，也不代表已經退燒。退熱貼能讓皮膚表面溫度降低4℃左右，如果寶寶喜歡，可以使用看看；但如果寶寶討厭也無須勉強。我們的身體是將發燒當成對抗病原體的武器，所以只要幫寶寶營造出一個舒適的環境就可以了。

Q 為什麼才剛退燒傍晚又燒起來了？

A 跟抑制發炎的賀爾蒙分泌量有關

這與身體的賀爾蒙分泌有關。抑制發炎的副腎皮質賀爾蒙，會在清晨到上午這段期間大量分泌，中午過後到晚上就會逐漸減少。因此，就算白天退燒，傍晚還是會再發燒。

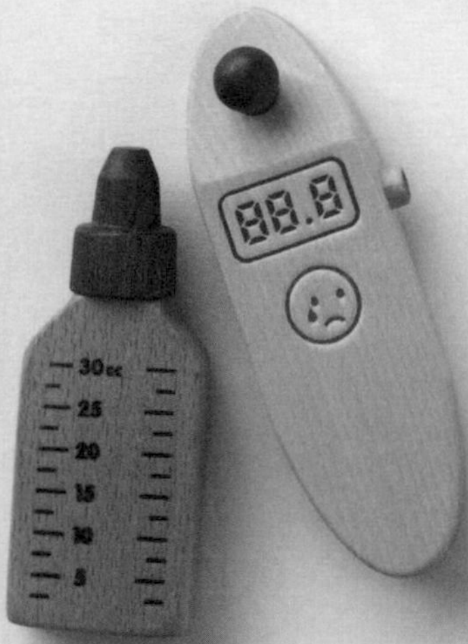

Q 聽說如果想要退燒，可以冰敷腋下或大腿根部？

A 因為這些部位分布著較粗大的血管，冰敷就能讓體溫下降

雖然發燒時，我們都會想辦法讓額頭降溫，但這樣根本沒什麼退燒效果。最有效的退燒方式，就是冰敷分布著粗大血管的腋下、大腿根部與脖子。不過，發燒是為了對抗病菌，無法找出病因並加以治療，退燒之後還是會再燒起來。

Q 雖然說要保持安靜，但寶寶就是不肯乖乖睡覺？

A 只要安靜地待在室內就可以了

就算要保持安靜，但寶寶絕對不可能會乖乖睡覺。不過，也不必勉強孩子一定要睡覺，可以看看DVD、繪本，或玩自己喜歡的玩具。所謂的保持安靜，其實只要乖乖待在室內就好。

Q 母乳、配方奶的份量可以跟平常一樣嗎？

A 如果喝得下，可以多準備一點

不過，當然也可以跟平常一樣。發燒時，補充水分很重要，如果肯喝，可以多準備一點，與其1次餵一大瓶，不如一點一點餵。也不必為了讓寶寶多喝一點，就故意泡稀一點。

Q 沒有按時吃藥會退燒嗎？

A 讓體溫降下來的是「退燒藥」，多半都是塞劑

讓體溫降下來的是退燒藥，多半都是塞劑。感冒時，醫生開的藥水、藥粉多半是用來抑制發炎、減緩咳嗽、痰等症狀的，這些藥物吃了並不會直接退燒，而是用來減緩症狀，讓寶寶更有體力去對抗病菌。

Q 為了預防脫水，可以將成人喝的電解水稀釋後餵寶寶喝嗎？

A 一定要準備寶寶專用的電解水

如果母乳、配方奶或開水等的飲用量、食慾都跟平常一樣，就不用擔心會出現脫水症狀。餵寶寶喝電解水時，一定要準備嬰兒專用的產品，成人喝的糖分較高，稀釋過後還是會對腸子造成負擔。

Q 發燒時吃的副食品，有沒有需要注意的地方？

A 跟平常一樣就可以了，如果沒有食慾，不要勉強

想吃時，準備的副食品跟平常一樣就好；不想吃時，也不需要勉強，認真補充水分就好。發燒最多幾天，這幾天就算吃不多，也不需要擔心營養不足。

Q 怎樣才算「退燒」？

A 恢復正常體溫後，一整天都沒有再發燒

恢復正常體溫後，一整天都沒有再發燒就可以算是「退燒」了。發燒很耗體力，因此剛恢復正常體溫的2～3天，也盡量減少外出，乖乖待在室內。

Q 發燒時要什麼時候才能洗澡？

A 只要有精神又攝取水分，就可以洗澡

沒有哭鬧，也有喝水，就可以稍微泡個澡，但水溫不要太高，泡澡時間也不要太久，盡量避免消耗過多的體力。夏天，只要淋浴將汗水沖乾淨即可；無法泡澡時，就用坐浴的方式將小屁屁洗乾淨。

咳嗽

Q 白天很正常，但晚上要睡覺就開始咳嗽？

A 這可能不是因為生病，而是受到聲音或光線的刺激

寶寶咳嗽有可能會因為受到聲音、光線的刺激，是不是突然把臥室的燈打開？將室內光線調得昏暗一點，把電視的聲音關掉，寶寶可能就不咳了；鼻涕流到喉嚨（鼻涕倒流），也有可能會讓寶寶咳個不停。

Q 只有咳嗽時，可以幫寶寶洗澡嗎？

A 洗澡時吸點熱水蒸氣，能讓呼吸更順暢

如果症狀只有咳嗽，食慾跟精神都還不錯，反而更應該幫寶寶洗澡。泡澡時，熱水會產生水蒸氣，濕度也較高，可以藉此減緩咳嗽症狀，讓寶寶舒服一點。除此之外，也可利用浴室的蒸氣，讓呼吸變得更順暢，舒緩鼻塞不適。

Q 一直咳個不停，到晚上更嚴重。觀察就好，還是就醫比較好？

A 有可能是黴漿菌肺炎，一定要儘早送醫

本來是乾咳不用太擔心，但一到晚上就會加重；一直沒好但還變有精神時，有可能是感染了黴漿菌，如此就得到醫院一趟了。黴漿菌肺炎也是孩童常見的疾病，不過幾乎都不需要住院。

Q 養寵物會不會加重孩子的咳嗽症狀？

A 的確比較容易咳嗽

貓狗、小鳥、倉鼠等寵物都會掉毛，吸塵器的風會把這些毛吹得到處都是，排泄物的成分也會四處飄散，可能會造成刺激，使孩子動不動就咳嗽，尤其是有過敏體質的寶寶，更會加重其咳嗽症狀。

鼻涕

Q 比起清澈透明的鼻涕，流出綠、黃色鼻涕時，表示病情嚴重？

A 鼻涕的顏色變化，跟感染源有關

病毒感染時，流出來的是清澈透明的鼻涕。細菌感染時則會流出綠綠、黃黃的鼻涕，也就是所謂的「綠鼻涕」，感染源不一樣，鼻涕就會有所不同，如果先是感染了病毒，之後又感染了細菌時，鼻涕就會從透明變成黃色，反之亦然。

Q 看起來精神還不錯，只有鼻涕流了一週還沒停。需要去看醫生嗎？

A 盡可能邊擤鼻涕邊觀察吧！

寶寶的鼻腔狹窄，黏膜很敏感。因此，比大人更容易出現流鼻涕、鼻塞症狀，也常常會拖很久。為預防中耳炎，盡可能一邊擤鼻涕一邊觀察寶寶的狀況，出現無法喝奶、呼吸困難等狀況時，就請立刻就醫。

Q 什麼時候開始會自己擤鼻涕？

A 3歲就會用正確方式擤鼻涕的孩子，比例不到一半

擤鼻涕的正確方式，是要先用嘴巴吸一大口氣之後，壓住一邊的鼻孔，讓另一邊的鼻涕慢慢流出來。2歲時幾乎不可能，到了3歲，能用正確方式擤鼻涕的孩子，也只有四成左右，上小學前可能都需要父母的協助。

第2章

一定會得過1次的寶寶疾病事典

感冒

病毒性腸胃炎

中耳炎

便秘

感冒

感冒是什麼樣的疾病？

感冒病毒的特徵就是數量眾多，可能會重複得到好幾次

一年四季都有可能會得到的病毒感染症

感冒是從鼻子到喉嚨這中間的「上呼吸道」受到病毒感染，造成發炎的狀態，主要症狀包括咳嗽、鼻涕、發燒。常被認為是「冬天的疾病」，但其實一年四季都有可能會得到。不過，引發感冒症狀的病毒，在氣溫與濕度較低的環境會更加活躍，因此，冬天比夏天更容易感冒。

同樣是受到病毒感染的疾病，比如麻疹，得過1次就不會再得了，這是因為體內已經打造出了一個能擊退麻疹病毒的系統，再次接觸病毒時，這系統就發揮作用，預防再次感染，這功能稱為免疫。

不過，會引起上呼吸道輕微發炎的病毒種類繁多，不可能感染到所有病毒。除此之外，有些病毒得過1次之後，可能無法得到萬全的免疫效果，這就是寶寶動不動就感冒生病的原因。剛出生沒多久的寶寶，雖然有媽媽的抗體保護，不過最後還是得靠自己製造出抗體。

因為寶寶身上能對抗病毒的抗體種類還很少，可能才剛好又立刻感染到另一個，感冒就愈拖愈久了。

剛出生時，不太會感冒

寶寶出生時會從媽媽那得到能對抗各種疾病的抗體（讓免疫發揮作用的武器），因此，寶寶剛出生時都不太會生病。只不過，這禮物會逐漸消失，消失的同時，寶寶就會開始出現感冒等疾病。

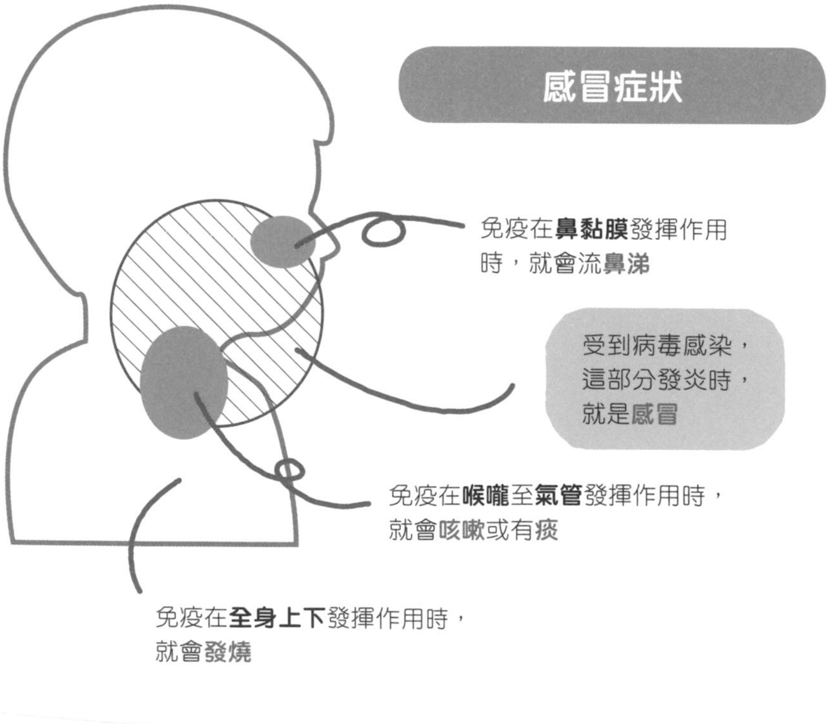

感冒症狀
免疫在**鼻黏膜**發揮作用時，就會流**鼻涕**
受到病毒感染，這部分發炎時，就是感冒
免疫在**喉嚨**至**氣管**發揮作用時，就會**咳嗽**或有**痰**
免疫在**全身上下**發揮作用時，就會**發燒**

寶寶四周都是病毒

寶寶的免疫功能比不上大人，要到人多的地方時，盡可能在最短時間內把事情處理完。

流感跟感冒的不同？

流感跟感冒一樣，都會在冬天大流行。因此，有人可能會誤認為是「重感冒」。不過，其實感冒跟流感是不一樣的。感冒病毒有好幾百種，流感病毒就目前所知有 3 種。流感的特徵就是比感冒更容易發高燒，也會併發支氣管炎、肺炎，甚至導致重症。

不可小看！感冒嚴重惡化

病毒種類、身體狀況都可能會導致感冒嚴重惡化。若出現以下症狀，就千萬別認為是「普通感冒」！

☑ **嘴唇乾裂**

感冒引起的發燒會造成體內水分流失，引發脫水造成嘴唇乾裂。

☑ **小便次數減少**

跟平常相比，小便次數大減也是脫水的警訊。

☑ **體重減輕**

雖然食慾可能會不太好，但體重明顯減輕就是脫水的警訊。

☑ **臉色出現變化**

眼睛下垂、皮膚乾燥等，臉部線條出現變化，就要立刻送醫。

會造成下呼吸道感染的 RS 病毒，就是俗稱的「肺感冒」

有些醫生會將 RS 病毒（呼吸道融合病毒）感染症診斷是「感冒」。大部分的感冒都是病毒跑進上呼吸道所造成的，但 RS 病毒則會造成支氣管至肺部的下呼吸道感染。多半只會出現咳嗽、鼻涕、發燒等症狀。嚴重的話，可能會引發伴隨呼吸困難等症狀的細支氣管炎，甚至危及性命。未滿 6 個月的寶寶一定要特別注意。

「夏季感冒」跟普通感冒有什麼不同？

發燒跟起疹子是「夏季感冒」的特徵

夏天會讓某些病毒特別活躍

夏天高溫多濕，這時就會有不同於寒冬的病毒特別活躍。

當中包括腸病毒、腺病毒等，這些病毒會引發手足口病、疱疹性咽門炎、咽喉結膜熱等，即俗稱的「夏季感冒」，不只容易發高燒，喉嚨、口中黏膜還會起水泡，皮膚也會長疹子。

容易罹患夏季感冒的年齡大約是1～2歲，年紀越小情況越嚴重。夏天因為氣溫高，導致體力下降，因此，一定要幫免疫功能比不上大人的寶寶做好預防、照護措施。

可能引發髓膜炎，一定要小心

出現發燒、起疹子等症狀時，可以邊想辦法減緩孩子的不適，邊觀察孩子的狀況。不過，腸病毒、腺病毒有時會併發髓膜炎，導致大腦、脊髓表面的髓膜發炎。

髓膜炎會引發高燒、頭痛、反覆嘔吐、頸後僵硬等症狀。抱著或抬腳換尿布時，也會感到疼痛。當孩子出現這些症狀，請立刻送醫。

不過，相較於肺炎鏈球菌、流感嗜血桿菌等細菌性髓膜炎，病毒性髓膜炎的症狀較輕微，多半也不會留下後遺症。爸媽無須恐慌，只要仔細觀察寶寶的狀況，遵從醫生指示即可。

甚至會出現 39℃左右的高燒

刺激性較低的食物，一點一點慢慢餵
豆腐
粥
西瓜等水果
布丁、果凍等
喝的就一點一點慢慢餵吧！
只要有補充水分，就算 2 天沒吃固體食物也沒關係喔！
母乳
配方奶
麥茶
經口補水液
水
寶寶用電解

最可怕的是脫水，記得隨時補充水分

嘴巴會長水泡、潰瘍，因此副食品就準備一些軟爛好入口的東西，煮好後放涼再餵食。口內炎不適時則可使用減緩疼痛的藥膏。有任何問題可諮詢熟識的兒科醫師。

夏季感冒快篩表

※ 將具代表性的症狀繪製成圖表，但並不代表就一定會出現這些症狀。

發燒

- 嘴裡出現一顆一顆的，喉嚨很痛 → **疱疹性咽呷炎**
- 喉嚨紅紅的，喉嚨很痛 ／ 眼睛紅紅的 → **咽喉結膜熱**

沒有發燒、微燒

- 嘴巴或手腳出現一顆一顆的，喉嚨很痛 → **手足口病**

疱疹性咽呷炎

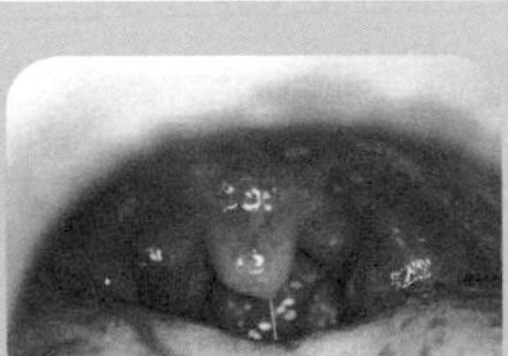

會發高燒，喉嚨出現水泡會痛

嬰幼兒期，特別是 2 歲以下的寶寶最容易罹患的疾病。會突然出現 39℃的高燒，懸雍垂上方也會出現大量水泡，並伴隨劇烈疼痛。發燒 2 ～ 3 天，喉嚨水泡 1 週就會好轉。

咽喉結膜熱

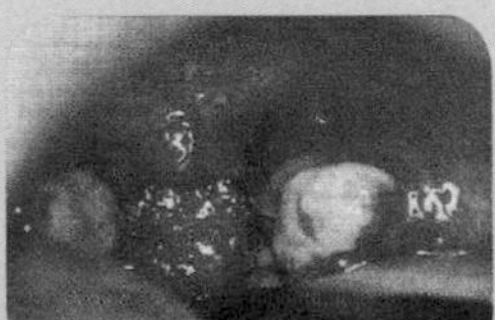

突然發高燒，喉嚨紅通通

突然出現 39℃高燒，喉嚨紅腫疼痛。眼白充血，3 ～ 5 天都會紅紅的。脖子的淋巴節腫脹，還會出現腹瀉、腹痛等症狀。剛開始的 2 ～ 3 天是發燒高峰期，會持續 5 天左右，若眼睛分泌黏液或充血，記得前往就醫。

手足口病

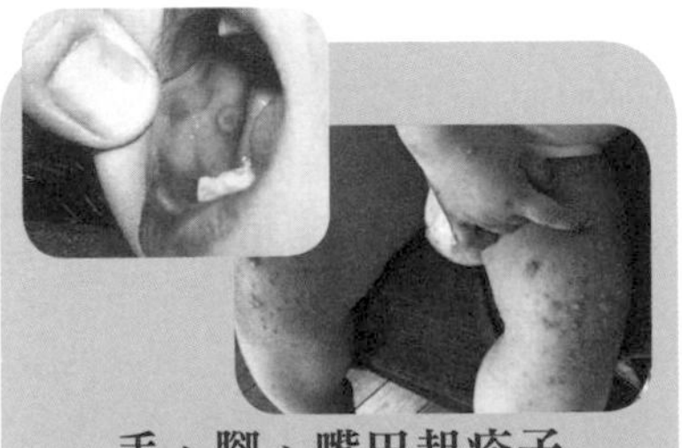

手、腳、嘴巴起疹子程度較輕微的疾病

不太會發燒，就算發燒也差不多 37℃左右。手掌、腳底、臉頰內側會起水泡、潰瘍。症狀較輕微、手腳出現的疹子不痛不癢。不過，嘴巴裡的水泡容易破，會有點痛。身上的疹子、嘴裡的水泡，差不多 1 週就消了。

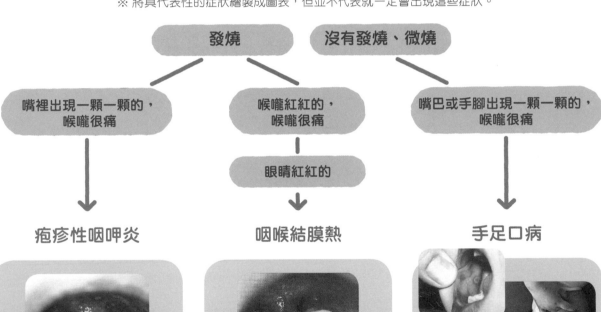

預防與居家照護的重點

<預防>
常洗手、作息正常、少到人多的地方是預防感冒的3大重點

最有效也是最普遍的預防方式就是洗手，隨身攜帶的手巾也要天天換新。

維持作息正常就能提高免疫力，也比較不會感冒。此外，盡量避免不必要的外出，不要帶寶寶到人多的地方。

穿少一點或乾布磨擦，可能會造成反效果

另一方面，不推薦少穿一點或乾布摩擦這些方式。少穿一點這個方式要在按表操課統一管理的托兒所、幼兒園，才有可能發揮一定效果；在家裡依自己的想法進行，說不定會造成反效果。乾布磨擦則會傷到嬰兒細緻的皮膚，反而更容易造成病毒入侵。

基本中的基本

手要洗乾淨

Best
用肥皂洗

有困難時 ↓

Better
用流動的水沖洗

有困難時 ↓

Better
用濕毛巾擦

洗手是最基本的預防方式。回到家之後，除了大人本身外，也要記得幫寶寶洗手。沒有肥皂時，可用流動的水沖洗；還是沒辦法時，可以用濕毛巾將手指頭一根一根擦乾淨。塗抹式的酒精消毒劑也有一定效果，不過寶寶的肌膚太過纖細，大人自己用就好了。

感冒預防效果〔檢測表〕

- ☐ 從外面回到家時，幫寶寶洗手★★
- ☐ 從外面回到家時，大人要洗手★★
- ☐ 從外面回到家時，大人要漱口★★
- ☐ 盡可能維持睡覺、起床時間固定，正常作息★★
- ☐ 睡眠充足★★
- ☐ 盡量不到人多的地方★
- ☐ 在房間擺放加濕機，不讓空氣太過乾燥★
- ☐ 使用空氣清淨機★
- ☐ 讓寶寶多吃點有營養的東西★
- ☐ 天氣好時，讓寶寶到外面走走★
- ☐ 可以的話，少穿一點
- ☐ 乾布磨擦

從2顆星到0顆星，星星多寡代表預防效果。預防效果好的，就優先執行吧！

<照顧>在舒適的環境下，幫寶寶盡快恢復體力

幫寶寶整理出一個不會耗費太多體力的環境

感冒沒有特效藥。在寶寶用自己的力量擊退感冒病毒前，盡可能幫忙打造出一個舒適的環境，讓寶寶不要耗費太多體力，就是居家照護的重點。輕微的咳嗽、流鼻涕症狀，不需要進行任何治療，只要等寶寶自然痊癒；這樣比起匆匆忙忙趕到醫院所造成的負擔，應該會小一點。

室溫調到大人覺得舒適的溫度，冬天要記得加濕，不要讓室內太過乾燥；將濕衣服、濕毛巾晾在室內，也有一定的加濕效果。

發燒臉變得紅通通時，就別給寶寶穿太多了，還要記得隨時補充水分。無論是冬天或夏天，「流汗就會退燒」這個想法都是錯誤的，熱度積在體內，反而對身體不好。

讓寶寶穿很多，想幫他把汗逼出來的做法是錯誤的！
嘰～
熱呼呼
適時使用空調（不要直接吹到風）
大人覺得舒適的溫度
寶寶不討厭時，可以讓額頭、腋下降溫

感冒居家照護 4 要訣

1 不需要硬逼寶寶吃東西，確實補充水分就足夠

想吃時，可以準備跟平常一樣的副食品；沒有食慾時，也無須勉強，就餵寶寶吃得下的東西就好。不過，為了避免脫水，千萬要記得隨時補充水分，除了母乳、配方奶外，開水、嬰兒專用電解水等，肯喝就讓寶寶喝。

2 室溫維持在大人覺得舒適的溫度，也別忘了加濕

室溫維持在大人覺得舒適的溫度。手腳摸起來涼涼的、臉色不好、看起來好像很冷時，可以幫寶寶多穿幾件衣服，或多蓋幾條被子；臉紅紅的時候，就不要讓寶寶穿太多，冬天容易乾，也別忘了加濕。

3 退燒再帶去洗澡，流汗要隨時擦乾

沒發燒，鼻涕、咳嗽症狀也較輕微，又還蠻有精神時，就可以帶寶寶去洗澡。發燒時，可以不洗澡，免得消耗寶寶的體力。流汗時，就用泡過熱水後擰乾的毛巾擦拭，寶寶也會舒服一點。恢復正常體溫後，再觀察一天，如果沒有再發燒，就可以幫寶寶洗澡了。

4 醫生開的藥要乖乖吃

藥物一定要依照指定的次數、份量服用，才能發揮其效果。即便症狀減輕，但醫生註明「○天份」的藥物，一定要吃完。擅自停藥可能會導致感冒症狀復發。請各位媽媽千萬別自行停藥喔！

症狀？過程？感冒經驗談

感冒

10 個月大時

忘了隨時補充水分，雖然只有微燒，但卻出現脫水症狀

一早就燒到 38℃左右，想說在家觀察，但母乳喝不多，食慾也不太好，到了晚上，精神看起來有點恍惚，趕緊送急診。醫生診斷是脫水，吊了點滴後，就恢復意識了，連續發燒 2 天就退了，鼻涕流了 1 週左右，這慘痛經驗讓我明白隨時補充水分的重要性。

發燒	其他症狀	完全康復
38℃	鼻涕	約 1 週

感冒

6 個月大時

電話詢問後，半夜送急診

散步回家後，開始流鼻涕。晚上開始出現帶痰的咳嗽。因為一直鬧脾氣，就打電話到醫院急診詢問，結束通話立刻送夜間急診，醫生幫忙吸了鼻涕跟痰。燒到 38℃，第 2 天，帶去找熟識的醫生，請醫生幫忙吸鼻涕跟痰後就退燒了，第 3 天就恢復正常了。

發燒	其他症狀	完全康復
38℃	咳嗽 鼻涕	3 天

RS 病毒感染症

1 歲大時

短短 1 天內，症狀不斷變化

一開始只有鼻涕，慢慢從輕微咳嗽轉為帶痰的咳嗽，感覺像是用肩膀呼吸，晚上發燒到 39℃，這些症狀都是在短短 1 天內發生的。看醫生是第 2 天早上，這天也一直發燒，呼吸有點困難，第 3 天退燒，但咳嗽還是持續了一段時間。

發燒	其他症狀	完全康復
39℃	鼻涕、咳嗽 呼吸困難	約 1 週

感冒

1 歲 4 個月大時

幾乎天天都到耳鼻喉科報到，吸鼻涕的日子

一開始是打噴嚏，第 2 天就開始受流鼻涕跟鼻塞所苦，先到耳鼻喉科吸完鼻涕，再到小兒科報到，沒有發燒，但醫生診斷是感冒。第 4 天至第 7 天，晚上一直鼻塞，看起來不舒服，去了好幾次耳鼻喉科，請醫生幫忙吸鼻涕。2 週後才逐漸好轉。

發燒	其他症狀	完全康復
沒有	鼻涕 鼻塞	約 2 週

手足口病

8 個月大時

自家附近大流行，症狀輕微

手腳出現 2 ～ 3 個紅點點，小兒科醫生診斷是手足口病，自家附近正好在大流行。在家靜養沒發燒，嘴巴裡沒有水泡，手腳的疹子也沒增加，第 3 天手腳的水泡就消失不見了。

發燒	其他症狀	完全康復
沒有	手腳起水泡	3 天

皰疹性咽峽炎

1 歲 11 個月大時

什麼都喝不下，只肯吃果凍

傍晚突然燒到 39℃。小兒科醫生診斷是感冒，但隔天都不想吃東西，打開嘴巴一看，長滿一顆一顆的東西，趕緊帶去就診，醫生說是皰疹性咽峽炎。喝水時也痛到哭，只肯吃果凍，發燒發了 3 天就退了，嘴巴也沒那麼痛了。

發燒	其他症狀	完全康復
39℃	喉嚨長水泡	5 天

手足口病

2 歲 6 個月大時

一開始是手腳起疹子，之後就發燒了

手腳起疹子後，說「嘴巴很痛」不想吃東西，晚上燒到 38℃。隔天早上看醫生，診斷是手足口病，只有持續補充水分，食慾不好只有第 1 天，但第 2 天開始就肯吃東西了，過幾天也退燒了。

發燒	其他症狀	完全康復
38℃	手腳跟嘴巴起水泡	4 天

咽喉結膜熱

1 歲 1 個月大時

高燒不退，因熱痙攣緊急送醫後確診

第 1 ～ 3 天發燒到 39 ～ 40℃，沒有食慾，只補充水分；症狀有鼻涕、咳嗽、眼睛充血並分泌黏液。第 4 天半夜因熱痙攣送醫，首次確診為咽喉結膜熱，第 6 天才好容易退燒出院。不過，恢復正常作息，花了快 2 週的時間。

發燒	其他症狀	完全康復
40℃	咳嗽、鼻涕眼睛充血	約 2 週

病毒性腸胃炎是什麼樣的疾病？

持續腹瀉、嘔吐，嬰幼兒幾乎都得過輪狀病毒

5歲前幾乎都得過輪狀病毒

造成腸胃炎的病毒不計其數，而其中最有名，也是嬰幼兒最容易感染的就是輪狀、諾羅病毒，病毒會從嘴巴進入體內，在腸道中繁殖。

輪狀病毒的特徵就是感染力非常強，只要一點病毒進入體內，就會發病，孩子只要不滿5歲，幾乎都會得過1次。得過1次之後就會產生免疫力，因此5歲過後，甚至成人都不太會得到這類疾病。

感染輪狀病毒時，會多次排出水狀稀便並持續嘔吐，雖然有人說大便會呈現白色或奶油色，但其實跟平常大同小異。諾羅病毒的主要症狀也是腹瀉跟嘔吐。

雖然症狀輕重無法一概而論。但就一般來說，如果是小孩子，輪狀病毒的症狀

在腸道裡不斷增生的病毒會引起腹瀉・嘔吐

會比較嚴重。感染諾羅病毒時，較少出現38℃以上的高燒，輪狀病毒則會持續好幾天發燒超過38℃；嘔吐的話，諾羅病毒再嚴重也不會超過半天，腹瀉也差不多2～4天就停了；若感染的是輪狀病毒，腹瀉有可能會持續1週。

另一個不同之處就是疫苗。沒有疫苗可以預防諾羅病毒引起的腸胃炎，但有疫苗可以預防輪狀病毒引起的腸胃炎。

病毒性腸胃炎沒有特效藥，使用的是以藥物減緩症狀，靜待復原的「對症療法」，有可能因腹瀉、嘔吐引發脫水，因此，必須一邊觀察寶寶的狀況，一邊進行最適切的照護。

出現以下情況就要立刻送醫

- ☑ 反覆嘔吐
- ☑ 多次排出像水一樣稀稀的大便（水便）
- ☑ 不想攝取水分
- ☑ 異常哭鬧，精神萎靡
- ☑ 嘔吐物帶有黃色、綠色、血色、咖啡渣色
- ☑ 大便裡有血，出現類似草莓果醬的東西

預防方式與感冒相同，輪狀病毒則可施打疫苗

輪狀病毒的預防接種，可自由選擇兩劑型的羅特律（ROTARIX）與三劑型的「輪達停（ROTATEQ）」疫苗，疫苗是以口服而非注射方式。

何時接種？ 出生後6週即可接種。但建議可搭配其它疫苗，於出生後2個月起開始接種。至於期限的話，兩劑型的到出生後24週為止，三劑型的則到出生後32週為止，若超過期限，會增加腸套疊的風險，就無法接種了，接種期限很短，一定要注意時間。

接種幾次？ 顧名思義，差別在於次數。兩劑型的2次，三劑型的3次，無論是哪一種，預防效果都沒有太大的差別，基本上都是由家長自由挑選，可找熟識的醫生諮詢。

費用多少？ 根據醫療機關有所不同。不過，兩劑型跟三劑型的總金額，沒有太大的差別。各地方政府都會提供相關補助，可多加詢問。

諾羅 vs. 輪狀 有什麼不同？

諾羅跟輪狀的症狀很接近，不過孩童感染輪狀病毒時的症狀比較嚴重。流行期也有些許不同，諾羅病毒的感染途徑可能來自飲食，流行季節是秋冬，輪狀病毒則會稍晚一點，多半是冬季到初春。

	諾羅病毒感染性腸胃炎	輪狀病毒感染性腸胃炎
容易罹患的年齡層	從嬰兒到成人所有年齡層	主要是嬰兒、小孩
症狀	• 嘔吐、腹瀉、腹痛會持續1～2天。其中，有半天會劇烈嘔吐 • 即便發燒，也不會太嚴重	• 會反覆出現白色水便與嘔吐。持續好幾天 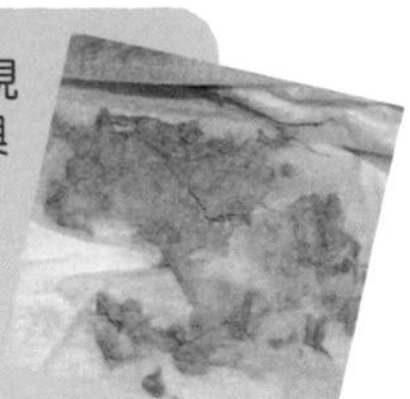 • 發燒 • 可能會出現痙攣、急性腎衰竭、腦病變等
日本一年有多少人會罹患這樣的疾病？	約100萬人	約80萬人
流行期	一年四季都會可能，以11～1月最多	1月～5月左右

秋～冬是諾羅、冬～春是輪狀病毒流行期

秋 諾羅病毒感染性腸胃炎 冬 輪狀病毒感染性腸胃炎 春

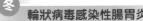

病毒性腸胃炎

居家照護的重點

要注意嘔吐、腹瀉造成的脫水

想補充水分時，就一點一點慢慢餵

沒有藥物可以對付這些病毒，而居家照護的基本原則，也跟「感冒」一樣。協助減緩不適，讓寶寶有體力能對抗病毒。

感冒時最重要的就是補充水分，感染病毒性腸胃炎時更為重要。嘔吐、腹瀉會造成身體水分大量流失，出現脫水症狀。居家照護時，要以補充水分為第一優先考量，請參考左頁的脫水症狀檢測表。

不過，出現劇烈噁心症狀時就無須勉強，嘔吐物的味道，只會讓孩子更不舒服，只須先把髒衣服換掉，把嘴巴四周擦乾淨即可。想吐時，讓寶寶側躺，避免讓嘔吐物塞住喉嚨。

嘔吐症狀減緩後，可用湯匙餵寶寶喝水，每隔5～10分鐘就餵1次，不再嘔吐後，就用小杯子少量少量的喝。若30分鐘能喝完100cc，之後就可一點一點補給。

除了開水、母乳、配方奶外，嬰兒用電解水或經口補水液，都是不錯的選擇；不過，要避免含糖量高的果汁或柑橘類果汁，以免讓腹瀉變得更嚴重。

病毒性腸胃炎的居家照護訣竅

1 以補充水分為優先考量，出現劇烈噁心症狀時，就不要勉強

持續嘔吐時，就不要勉強。觀察寶寶的樣子，若是1小時內沒有出現任何異狀，可先餵食1湯匙的水，遵從少次多量的原則，幫寶寶補充水分。

2 保持小屁屁乾爽

持續腹瀉，會讓小屁屁變得濕濕的。糞便會造成刺激，讓小屁屁出現濕疹，換尿布時，可用坐浴或蓮蓬頭來沖洗，沖洗完畢後應避免使用爽身粉。

3 餵寶寶吃好消化的食物

嘔吐時盡量不要讓寶寶喝東西或吃東西，症狀減緩後，第一要務就是補充水分；之後再餵一些寶寶可能會吃的粥、麵等脂肪含量低的碳水化合物，或是餵食燉煮至軟爛的紅蘿蔔、白蘿蔔。

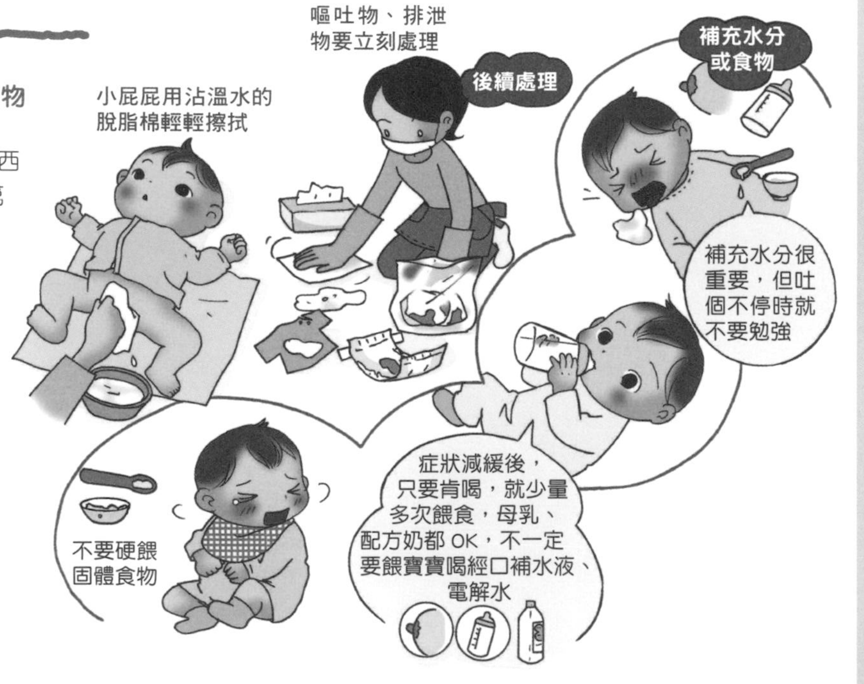

嘔吐物、排泄物要立刻處理
後續處理
補充水分或食物
小屁屁用沾溫水的脫脂棉輕輕擦拭
補充水分很重要，但吐個不停時就不要勉強
症狀減緩後，只要肯喝，就少量多次餵食，母乳、配方奶都OK，不一定要餵寶寶喝經口補水液、電解水
不要硬餵固體食物

病毒很煩人！嘔吐物的處理、衣類的清洗，都要特別小心

酒精無法殺菌

諾羅病毒、輪狀病毒的傳染力很強，多半是透過糞便、嘔吐物裡的病毒所感染的。因此，處理時一定要特別小心。

❶處理嘔吐物時，記得要戴口罩、手套。

❷用過的尿布、口罩、手套裝入塑膠袋中，確實綁好。

❸衣服、床單要另外洗。

❹曬太陽無法消毒，而是要用85℃以上的熱水清洗才能消毒。

❺次氨酸（「Milton」、「Haiter(花王出品漂白水）」等）也具消毒效果。若沾到糞便、嘔吐物時，可用次氨酸稀釋液來擦拭。

❻處理完畢後，用肥皂把手洗乾淨。

以上幾點，一定要牢記。此外，酒精類消毒劑幾乎無法對付輪狀或諾羅病毒，除菌濕紙巾、除菌噴霧也是一樣。

脫水症狀〔檢測表〕

- □嘔吐
- □一天排出水便 10 ～ 20 次
- □發燒，流汗

★此時還處於腹瀉階段，尚未出現脫水症狀。只要多加留意，隨時補充水分，就無須過度擔心

↓ 水分補充不足時

- □昏昏沉沉，一直想睡
- □不太想喝奶
- □精神萎靡

★開始出現脫水症狀。尤其是「持續昏睡」，可以說是最典型的症狀。不要以為孩子只是乖乖在睡覺，一定要特別小心！

↓ 再下次，就會變得很嚴重

- □手腳冰冷
- □氣色不好
- □尿量比平常少，尿布都不怎麼濕
- □皮膚失去彈性，變得皺巴巴
- □前囟門凹陷

★嚴重脫水，情況危急。輪狀病毒會讓糞便變成水溶性腹瀉，讓大人分不清是尿液還是糞便，甚至不會發現尿量減少。

相當嚴重

嘔吐物的處理

口罩
1 次性手套
衛生紙
為了避免受到嘔吐物、糞便裡病毒的感染，可用衛生紙輕輕包住後，放入塑膠袋裡
將尿布、口罩、手套，用塑膠袋包好
酒精除菌噴霧是殺不死病毒的
除菌
之後，再用 50 倍水稀釋過的氯系漂白水（「Haiter」）擦拭

碰過糞便、嘔吐物的物品，通通裝進塑膠袋，把袋口綁好。丟棄時，也要把口罩跟手套戴上

清洗

要跟其他衣物分開洗。輪狀、諾羅病毒在乾淨的環境中也能存活。隨便亂拍亂打，只會讓病毒四處飛散。因此，洗好後可將這些物品浸泡在 85℃以上的熱水裡，或是用熨斗燙過。

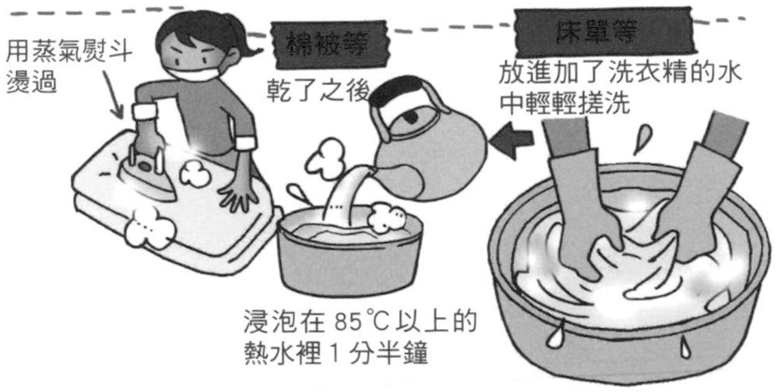
用蒸氣熨斗燙過
棉被等
乾了之後
床單等
放進加了洗衣精的水中輕輕搓洗
浸泡在 85℃以上的熱水裡 1 分半鐘

症狀？過程？病毒性腸胃炎經驗談

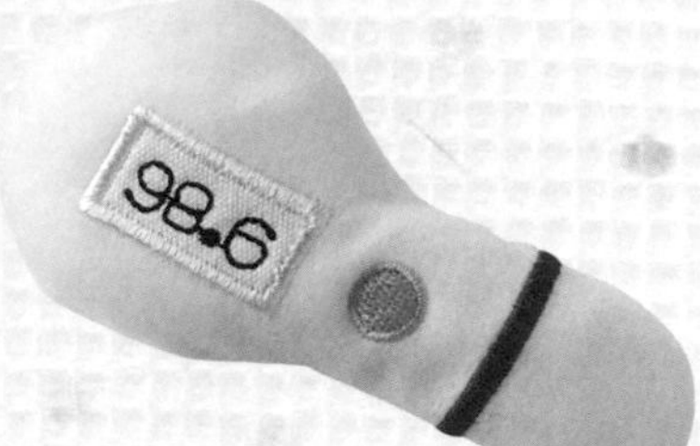

諾羅病毒

1歲6個月大時

吐了好幾次，但吐過就沒事了。也沒有肚子痛

剛進托嬰中心的那年冬天，學校發了一張「諾羅病毒正在流行」的通知，沒多久就開始嘔吐。短時間就吐了好幾次，讓媽媽很擔心，就連喝水也會吐，不過孩子吐完就沒事了，雖然也有拉肚子，但沒有肚子痛。

- 第1天：起床後突然嘔吐。跟托嬰中心請假，到小兒科掛號。
- 第2天：吃什麼吐什麼，甚至還腹瀉。以嬰兒專用電解水來補充水分。
- 第3天：停止嘔吐，但持續腹瀉，能吃一點粥。
- 第5天：停止腹瀉，恢復一般飲食。

諾羅病毒

7個月大時

老大→老二→媽媽，大人的症狀比小孩嚴重

老大2歲8個月大時，半夜突然開始嘔吐。被診斷出是諾羅病毒。老二也被傳染，雖然沒吐，但便便有點軟，次數也變多，食慾跟平常一樣。那之後被傳染的媽媽，症狀最為嚴重。好險小孩的症狀在媽媽發病前就控制住了。

- 第1天：老大半夜突然開始嘔吐。半夜掛急診，吊點滴。
- 第2天：急診直接轉門診，又開始吐。被診斷出是諾羅病毒。
- 第3天：老大腹瀉情況減緩，老二的便便開始變軟。
- 第5天：老二腹瀉情況減緩。媽媽出現劇烈嘔吐與腹瀉，持續了2天。

輪狀病毒

1 歲 1 個月大時

腹瀉、嘔吐、發高燒三重奏，搞得人仰馬翻

突然開始發肚子、嘔吐，前 2 天就一口氣燒到 39℃，看起來很不舒服。腹瀉嚴重，小屁屁紅通通，第 4 天還是全身無力，但第 5 天就恢復得差不多，得病與恢復時的變化之快，讓人大吃一驚。

- **第 1 天** 嘔吐、39 ℃高燒，大了好幾次白色水便。
- **第 3 天** 1 天腹瀉 7 ～ 8 次，小屁屁又紅又腫，開始退燒。
- **第 4 天** 持續水便，不過 1 天的次數減少到 4 ～ 5 次。
- **第 7 天** 腹瀉次數減少，食慾恢復不少。

輪狀病毒

9 個月大時

不太想喝水，造成脫水狀態

春天開始沒多久時感染的，醫生說「先觀察吧！」只開了整腸劑。不過，腹瀉遲遲未見改善。帶去別家醫院，確認是感染了輪狀病毒。不太喝奶，出現脫水狀態，同時，媽媽也開始出現拉肚子、微燒、食慾不振的症狀，同樣被診斷為輪狀病毒感染。

- **第 1 天** 不但嘔吐，還燒到 39℃，就帶到小兒科就診。回家後，又出現大量腹瀉，再次送醫。
- **第 2 天** 持續腹瀉，每小時要換 1 次尿布的狀態，持續到隔天。
- **第 4 天** 送到綜合醫院的急診，因為脫水吊了點滴，媽媽也感到不適。
- **第 9 天** 跟小孩一起在娘家休養，總算好轉。

輪狀病毒

7 ～ 9 個月大時

老大老二相互傳染，一個冬天裡老二得過好幾次，持續腹瀉

是在冬季尾聲，春天開始沒多久的那段期間感染的。老大開始嘔吐、腹瀉後，老二也開始腹瀉，帶去看醫生後，診斷是「輪狀病毒感染性腸胃炎」。第 1 次康復後，3 個月內又得了 3 次，整個冬天都在拉肚子，孩子難受，父母也不好過。

- **第 1 天** 老大開始嘔吐、腹瀉。腹瀉症狀持續了 1 週。
- **第 2 天** 老二開始腹瀉，但症狀只有腹瀉，想說再觀察一陣子。
- **第 4 天** 老二開始嘔吐，帶去看醫生，被診斷出也是輪狀病毒。
- **第 7 天** 可少量補充水分，但一喝就立刻拉肚子，這狀況持續了一段時間。

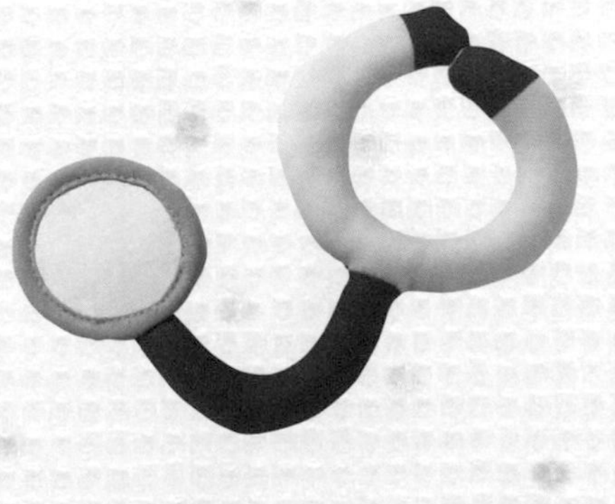

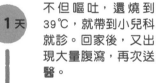

中耳炎是什麼樣的疾病？

中耳炎的原因不是來自耳朵，而是鼻子！

短又水平的「耳管」容易遭到病毒、細菌入侵

中耳炎是鼓膜裡名為「中耳」的部位發炎所造成的。引發中耳炎的原因包括感冒病毒、肺炎鏈球菌等細菌，發炎時會發燒，但溫度不會太高，積在中耳的膿液壓迫到鼓膜，會造成耳朵疼痛，鼓膜破裂的話，甚至會造成耳漏。

大家都會誤以為中耳炎是游泳或洗澡時，水從耳洞跑進去造成的，但其實這兩者之間沒有太大的關連。

中耳炎的原因來自鼻子或喉嚨深處，是在鼻子、喉嚨增生的病毒、細菌經過耳管進入中耳所造成的。

請看一下左頁的圖，成人的耳管較長且呈現傾斜，嬰兒的耳管較短且接近水

該不會是中耳炎吧？〔症狀檢測表〕

- ☐ 發燒
- ☐ 鬧脾氣
- ☐ 比平常更愛哭鬧
- ☐ 用手抓耳朵
- ☐ 不喜歡被人摸耳朵
- ☐ 出現黏稠鼻涕

中耳發炎經常引起發燒，但溫度不會太高，膿液壓到鼓膜會痛，所以會看到孩子想摸自己的耳朵。寶寶感染中耳炎時，會感到劇烈疼痛，卻無法用言語表達，只好放聲大哭。鼓膜破裂的話，中耳裡的膿液就會變成耳漏跑出來。

從鼻子、喉嚨進入體內的細菌造成鼓膜發炎

平，抵抗力也比較弱，導致病菌容易入侵體內。因此，2歲前的寶寶特別容易感染中耳炎，曾有調查指出，1歲前有六成的孩子都會感染中耳炎。

中耳炎好發於冬季，天氣越冷，病菌越活躍，因此動不動就感冒。鼻涕裡含有大量感冒病毒、細菌，因此感冒流行期時，感染中耳炎的機率也增加。

急性中耳炎的鼓膜　　**正常的鼓膜**

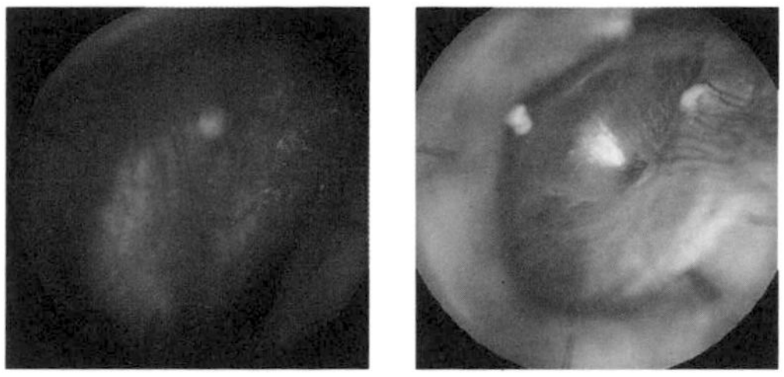

健康的鼓膜，表面透明光滑，發炎時就會出現紅腫，內側積膿液，膿液壓迫到鼓膜，就會感到疼痛不適。

嬰兒的耳管

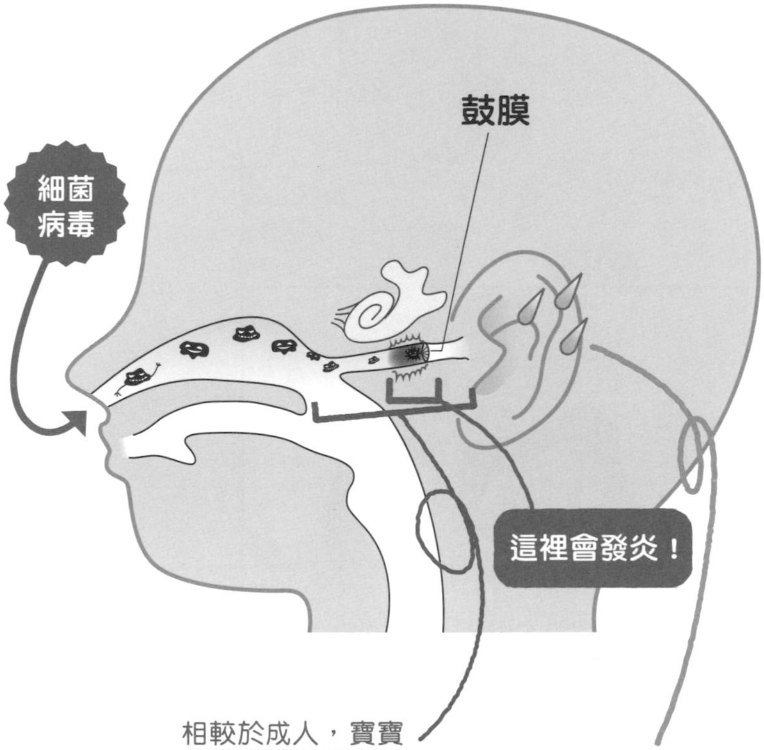
鼓膜
細菌
病毒
這裡會發炎！
相較於成人，寶寶的鼓膜較短且水平
水跑進耳朵，並不會造成中耳炎

急性中耳炎反覆出現，會造成分泌性中耳炎

急性中耳炎反覆出現，會造成分泌性中耳炎。急性中耳炎反覆出現，容易導致分泌性中耳炎。不會感到疼痛或出現耳漏，但耳管或中耳黏膜分泌出的積水會累積在中耳，影響聽力。從鼻子吹入空氣的「耳管通氣」無效的話，就必須在鼓膜上開洞裝上氣管，讓鼓膜的空氣流通。

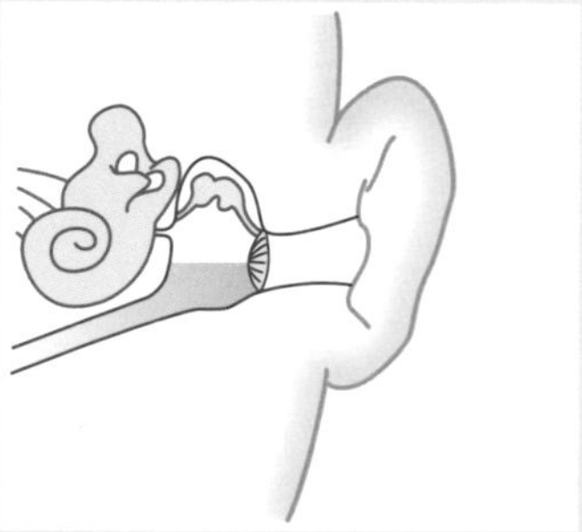

大人的耳管

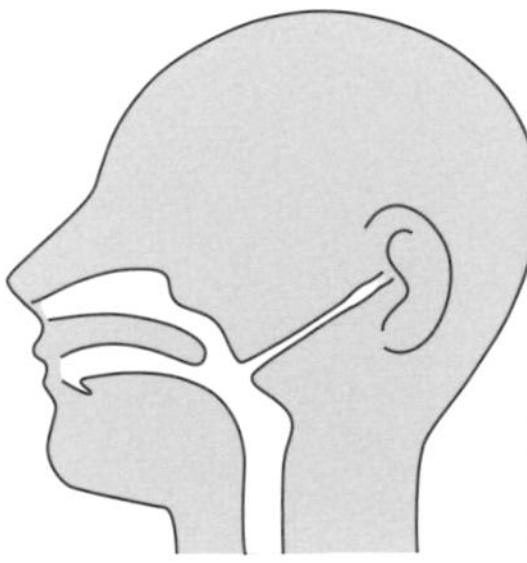

相較於嬰兒，大人的耳管較長且傾斜幅度較大，病菌不會附著在中耳，只要咳嗽或打噴嚏就會排出體外。

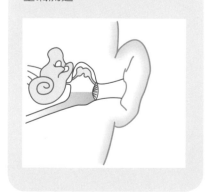

預防與居家照護的重點

<預防>

「預防感冒」的基本原則就是中耳炎的預防對策

中耳炎多半是由感冒造成的，因此預防方式也與「感冒」大同小異。最基本的就是勤洗手。寶寶還不會自己漱口，所以回到家時要記得洗手，用開水等潤喉；在室內，可使用加濕機或曬衣服的方式，來維持濕度。

有了一定程度的體力，不單單只是中耳炎，一般來說都不太會生病。所以，一定要讓寶寶維持正常生活作息，營養也要均衡。

通常要到3歲以上才會知道怎麼擤鼻涕。但鼻涕太多也有可能會造成中耳炎。因此，要記得隨時幫寶寶擦鼻涕，也可以用市售的吸鼻器。

躺著餵奶，容易造成中耳炎！

不要讓寶寶躺者喝奶。餵奶時，要稍微讓寶寶上半身提高，邊睡邊喝的話，奶可能會經由耳管跑到中耳，易導致寶寶患上中耳炎。

預防中耳炎的基本原則與感冒大同小異
洗手
漱口（會的話）
咕嚕咕嚕
加濕
還有，盡量幫寶寶擦鼻涕
蠕動 蠕動
可是……醫生，我家孩子還不會自己擤鼻涕……
所以，就要大人幫忙擦喔！
好

<照護>

醫生開的藥要乖乖吃完，鼻涕也可以請醫生幫忙吸

藥沒吃完，有可能會復發

一般來說，治療中耳炎會使用對抗病菌的藥水來擊退病菌，1次的份量約5～7天。開始吃藥後，症狀很快就能獲得減緩。不過，基本原則就是要把藥乖乖吃完，即便症狀改善，但其實病菌都還在，沒有完全擊退的話，就有可能復發，醫生就只能開更強的藥，所以擅自停藥是很危險的。

把鼻涕吸乾淨也是很重要的，在家無法自行處理的話，可以請醫生幫忙吸。

膿液造成劇烈疼痛時，可能需要將鼓膜切開，擠出膿液；雖然聽起來很恐怖，但其實就是用小手術刀在鼓膜上開個小洞而已。把膿液擠乾淨之後，疼痛自然消失，寶寶也會舒服一點，中耳炎也會好得比較快。鼓膜幾天內就會再生，不會對聽力造成影響。

使用市售吸鼻器要小心

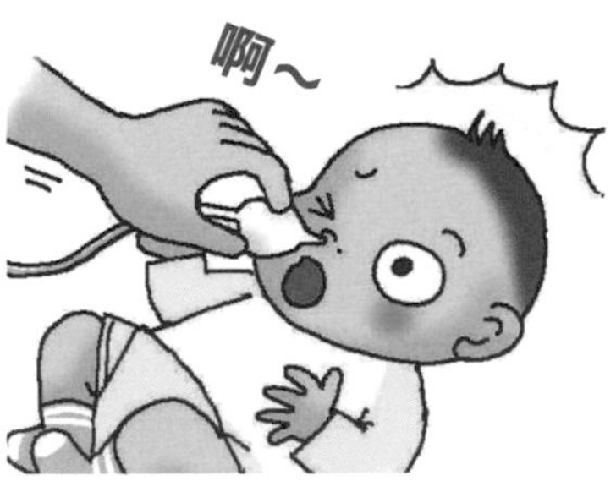
啊～

家用電動吸鼻器越來越常見。只不過，想著「把鼻涕吸乾淨」時，可能會不小心插太深、吸得太用力而傷到寶寶鼻腔。如果不放心，就麻煩醫生處理吧！

要把鼓膜切開，聽起來好恐怖

把鼓膜切開是什麼意思啊？
沒有啦！大家不要緊張！
切開會比較舒服啦！
不過，這不會在小兒科進行
耳鼻喉科

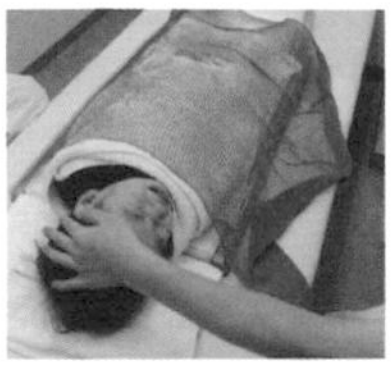

用手術刀在鼓膜開個小洞，將膿液擠乾淨，擠出來之後，就會舒服一點。這通常不是在小兒科，而是在耳鼻喉科進行。

亂動很危險，會先將身體固定好之後再開始。

急性中耳炎的治療過程

5～7天

使用消毒藥水擊退病菌

使用可有效對抗病菌的藥水，使用5～7天後，若發揮藥效，紅腫發炎就會消失。

↓

1～2週

解決發炎問題後，確認是否中耳內有膿液

即便藥物發揮效用，發炎獲得改善，但膿液還是會留在中耳裡。1～2週後再確認是否已完全消失。

↓

膿液消失為止

中耳的膿液完全消除前，都要定期回診

膿液殘留在中耳內的話，可到醫院請醫生幫忙清理。醫生說ok，才算是完全康復。

分泌性中耳炎的治療過程

開消炎藥

止鼻涕的藥，要吃一陣子

服用消炎藥，減緩喉嚨、鼻子的發炎症狀，讓鼻涕不再流個不停。此外，也會搭配能促進分泌液排出的藥物。

←

1個月後

分泌液完全消失前，都要定期就醫

持續藥物治療的同時，也要定期到耳鼻喉科就診，請醫生檢查耳朵狀況。1個月後若不再出現分泌液就算痊癒。

症狀？過程？中耳炎經驗談

急性中耳炎

1 歲大時

發高燒、脾氣暴躁，連媽媽都累垮了

原本以為是感冒，但卻燒到39℃，脾氣暴躁、食慾不佳，趕忙帶去看醫生。雖然說要按時服藥，但一把藥拿出來就極力抗拒，每次餵藥都像在打仗，吃了 10 天左右，連帶媽媽也累垮了。

其他症狀
發燒、鼻涕、咳嗽、脾氣暴躁

完全康復
2 週

急性中耳炎

11 個月大時

原本以為只是流鼻涕，沒想到居然變成中耳炎

拉了好幾天肚子之後，就開始流鼻涕。一直流個不停，就帶去看醫生。鼓膜紅腫，惡化成中耳炎，這段期間脾氣很暴躁，但沒有發燒，每週都會回診，請醫生幫忙清耳朵。

其他症狀
鼻涕、脾氣暴躁、食慾不好

完全康復
3 週

急性中耳炎

1 歲 6 個月大時

鼓膜切開後，立刻退燒

從感冒惡化成中耳炎，脾氣暴躁，也沒什麼食慾，想餵寶寶喝水，更是件苦差事。燒到快40℃，看起來很不舒服，就決定進行鼓膜切開手術。雖然過程中不斷大哭大鬧，但其實一下子就結束了；把膿擠出來，感覺舒服很多，燒也立刻退了，讓我鬆了一口氣，藥則吃了 2 週左右。

其他症狀
發燒、鼻涕、脾氣暴躁

完全康復
1 個月

急性中耳炎

1 歲 2 個月大時

以為左耳好了，結果右耳又跑出耳漏了！

某天，發現孩子左耳出現耳漏，就帶至醫院掛號，醫生診斷是急性中耳炎。吃了 1 個月左右的藥，每週都去回診 1 次。原本想說康復了，沒想到右耳也跟著出現耳漏！再次展開了看病吃藥的日子！

其他症狀
耳漏、發燒、鼻涕

完全康復
1 個月
（左耳）

分泌性中耳炎

約 9 個月大時

流出黏稠綠鼻涕

沒什麼特殊症狀，但卻流出黏稠的綠鼻涕，所以就到診所請醫生幫忙處理。醫生說是分泌性中耳炎，聽到時有點嚇到，因為感覺寶寶的聽力還蠻正常的。吃藥、每週固定回診 1 次，花了 3 個月才將分泌液徹底清乾淨。

其他症狀：綠色鼻涕

完全康復：3 個月

急性中耳炎

1 歲 1 個月大時

急性中耳炎惡化成分泌性中耳炎

燒到 38℃、流鼻涕，醫生診斷是感冒，吃了藥，鼻涕還是流個不停，就到診所報到。這段期間，常會摸自己的耳朵，醫生診斷已經從急性中耳炎惡化成分泌性中耳炎。吃了醫生開的藥之後，約莫 2 週痊癒。

其他症狀：發燒、流鼻涕、摸耳朵

完全康復：2 週

分泌性中耳炎

11 個月大時

不斷復發，就放了通氣管

演變過程為感冒→急性中耳炎→分泌性中耳炎。因此，把鼓膜切開，放進能幫助中耳通風的通風管。但那之後，只要一流鼻涕，分泌性中耳炎就會復發，因此，經歷了幾十次把鼓膜切開，放進通氣管的過程。我家孩子的體質該不會很容易感染分泌性中耳炎吧？

其他症狀：鼻涕

完全康復：放入通氣管後半年

分泌性中耳炎

1 歲 3 個月大時

到目前為止，分泌性中耳炎復發過 6 次

第 1 次罹患分泌性中耳炎是因為 1 歲 3 個月大時的感冒。帶著鼻涕流個不停，還一直摸耳朵的孩子去看醫生後正式確診。目前已經 2 歲 3 個月，共復發過 6 次，每次復發就要帶孩子去醫院把鼓膜切開，把鼻涕吸乾淨。

其他症狀：流鼻涕、摸耳朵

完全康復：每次 1 周

便秘是什麼樣的疾病？

與次數無關，無法順利排出就是便秘

即便沒有每天，也不算是便秘

便秘指的是「糞便堆積在腸子裡，無法排出體外的狀態」。排便的節奏次數因人而異。就算沒有天天排便，也不一定是便秘。就算2天1次，只要排出時沒有感到不適、食慾正常、精神不錯，就表示這是孩子本身的排便規律，觀察即可。

話雖如此，要是間隔太久，可能就是有問題。要判斷是否為便秘，標準有「每週排便次數不到2次」、「超過5天沒排便」、「時間正常，但排便時痛到哭，肛門破皮」等。

說不定便秘了？判斷基準為何？

- □ 一週排便次數不到2次
- □ 超過5天未排便
- □ 排便時會痛到哭
- □ 排便時會造成肛門撕裂傷

此外，打開尿布時，發現沾到一小塊便便時，就有可能是便秘。因為，這表示軟便從堆積在大腸的硬便間隙中漏出來，才會沾到尿布上。

好的腸內細菌，一定要讓它好好工作，直到長大喔！

人類的腸道裡有所謂的腸內細菌。好菌多的話，就能維持腸道內的平衡。嬰幼兒期是打造腸內好菌的重要時期。由於嬰兒排便時不像大人一樣知道怎麼用力，因此只要副食品等食物出現變化，就容易造成便秘。

這時期製造出的腸內細菌，到成人為止都會持續發揮作用。因此別想說只不過是便秘，就放著不管。要努力讓自己的腸道成為能製造出許多腸內好菌的環境！

就算有便便，但還是有可能會便秘

我家小孩的尿布，都會沾到一點軟便
屁屁我都有擦得很乾淨啊？為什麼還會有……
可能是便秘喔
什麼！
為什麼？他都有便便啊？
可能是因為硬掉的便便阻塞腸道，
軟便就從縫隙中漏出來
排便時如果會哭或肛門附近有血，就要小心
排便不順，就有可能是便秘

便便的製造過程

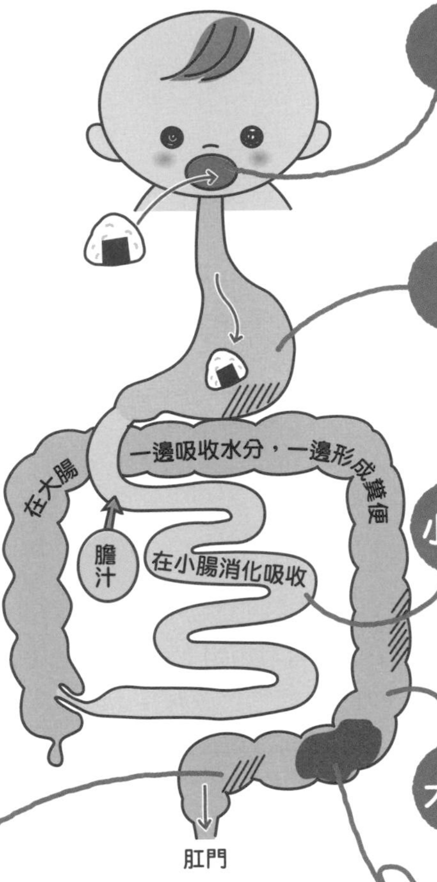
一邊吸收水分，一邊形成糞便
在大腸
膽汁
在小腸消化吸收
肛門

口

最初的消化器官，咬碎食物，送往食道

製造便便的材料是食物。將從口進來的母乳、配方奶、副食品咬碎，混合唾液後，往胃部移動。

胃

利用讓食物變得容易吸收的胃液，讓食物變得黏稠

進到胃裡的食物，會藉由胃液變得濃稠、好吸收。先儲存在胃裡，再慢慢送到小腸。

小腸

分解成細細的，讓養分為人體吸收

將食物養分吸收到體內的長條管狀器官。藉由消化酵素來分解養分，再藉由黏膜吸收，剩下的則送到大腸。

大腸

從未消化的食物殘渣內吸收水分

小腸未消化吸收的食物殘渣，進入大腸後水分會被吸收，形成固體的便便。

通往直腸的這部分，是最容易堆積糞便的地方。堆越久，腸管變越寬，因而堆積更多糞便，造成惡性循環。

直腸

有糞便堆積時，會向大腦傳遞指令

糞便堆積在直腸後，會向大腦傳遞「便便準備好了」的訊號。若大腦說 OK，就能排便，食物的長途旅行到此告一段落。

\也會有這些狀況！/

開始吃副食品後才便秘

吃下肚的份量增加，糞便量也會變多，然後就便秘

寶寶在成長的過程中，糞便累積在大腸的次數，會從一天 5 次→ 3 次→ 2 次逐漸減少；同時，副食品的份量增加，也攝取了許多富含纖維質的食物，運送至大腸時，若直接堆積在腸道裡，就是形成便秘。只要便秘過 1 次，之後要運送就會很困難，持續累積的話，就會讓便秘越來越惡化。

剛出生沒多久就便秘

0 ～ 2 個月大時的便秘很常見

媽媽應該會覺得很不可思議，「明明就只有喝母乳、配方奶，為什麼還會便秘？」也有小寶寶是一出生就開始便秘了。雖然有人認為這是因為寶寶的腸道蠕動較為遲鈍。不過，真實的理由目前還沒有人知道。放著不管的話，就會「便秘」。1 週沒大便時，若出現肚子腫脹、哭鬧異常等症狀，請立刻就醫。

容易便秘的體質

有人的體質就是容易便秘，盡量不要讓孩子變成這種體質

有孩子因為體質容易便秘，要累積多一點才會排出。不過，如果累積太多，就很難排出，因而形成便秘，甚至有可能因此打亂生活作息。若覺得孩子「容易便秘」，平常就要多加留意，不要讓孩子有便秘的機會。

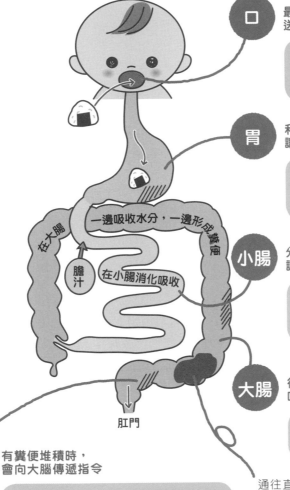

就是要想辦法排出來！重新檢視飲食與生活習慣

嬰兒容易便秘

想預防便秘就是不要讓糞便堆積在腸道裡。雖然聽起來理所當然，但對很多嬰兒來說，有一定難度。

嬰兒不知道該怎麼用力，飲食與生活步調也會隨著成長而有所改變。只要周遭環境起了些許變化，就會造成排便不順，嚴重時就會出現便秘。從有便秘傾向變成真正的便秘，就是從吃副食品開始的，因此，每天都要讓孩子攝取足夠的蔬果量，也別忘了帶去散步運動，養成不會讓糞便積在體內的生活習慣。

便秘問題無法單靠食物、運動解決

飲食上首先要注意的是水分的攝取。食物的份量是否充足，則透過體重的增加方式來檢視。此外，也可積極攝取能預防便秘的膳食纖維或發酵食品。

另外，也建議做一些促進腸道蠕動的運動。這些很容易被聯想為「便秘消除法」，但其實只是預防方法，要是真的便秘光靠這些方法是無法解決問題的。

預防便秘要從日常做起

攝取
充足水分
正常的
生活作息
適度運動

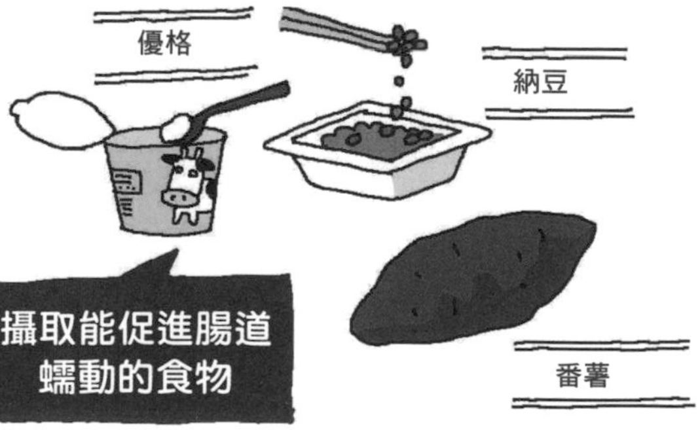
優格
納豆
番薯
攝取能促進腸道
蠕動的食物

飲食預防

預防便秘的黃金食材

讓便便變軟

番茄、橘子等水果、未過濾的果汁

增加排便量，刺激腸道

花椰菜、燕麥片等

讓腸道變健康

納豆、寡醣、優格等

市售麥芽糖也能預防便秘

腸內細菌能幫助麥芽糖的糖質發酵，給予腸道溫柔刺激。利用滲透壓作用吸收水分，讓糞便變軟。

方便飲用的糖漿。（和光堂）

● **攝取充足水分**

水分不足時，糞便很容易變硬。排便時會感到疼痛，讓孩子產生「便便很痛」的印象。

● **以體重的增加方式來確認生長曲線**

小胖弟（妹）、瘦皮猴，都是個人特質。只要體重的增加方式與孩子本身的成長速度相符即可，是否有所增加，可透過成長曲線來觀察。

● **攝取具有預防效果的食物**

脂肪、蛋白質過多或膳食纖維不足，都容易造成便秘。所以要攝取①讓便便變軟②增加排便量，刺激腸道③讓腸道變健康的食物。

運動預防

● **0～4 個月時，動動小腳腳**

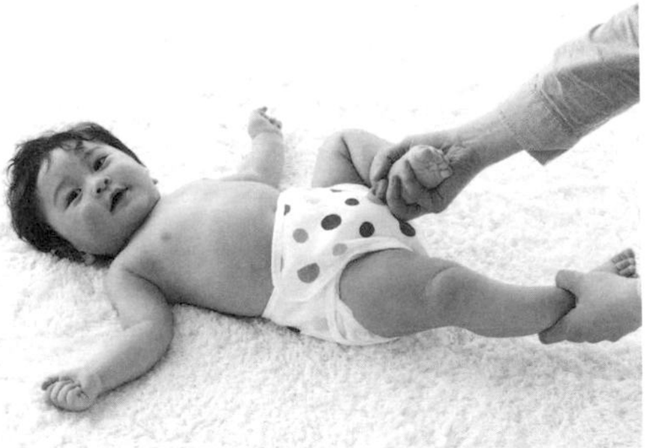

抓著寶寶的雙腳，慢慢往前後擺動。把腳推向身體，可以刺激腸道，但記得千萬不要太大力，配合音樂，就是好玩的親子遊戲。

● **從會坐的時候開始，就讓寶寶趴著**

趴著會壓到肚子，用自己的體重刺激腸子，促進排便。不過，大人一定要陪在旁邊，不要超過能力所及的範圍。

● **吃飽後，來個「の」字按摩**

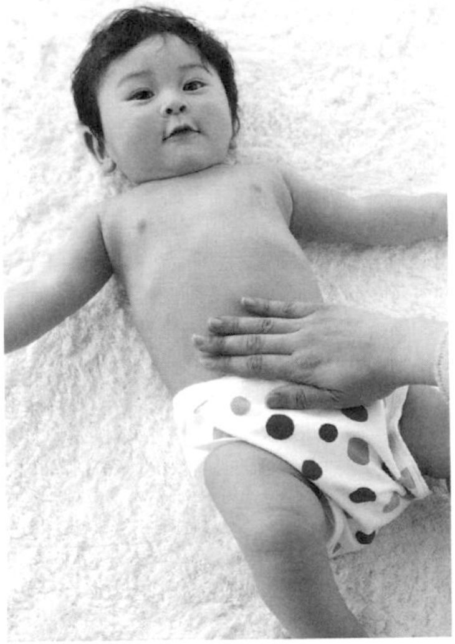

將手掌放在寶寶的肚子上，以順時鐘方向輕輕畫出「の」字。雖然飯後腸子比較會蠕動，但不要一吃飽就立刻按，而是等個 30 分鐘再按。

便秘

居家照護的重點

可以嘗試棉花棒浣腸，即早就診，也很重要

用棉花棒輕輕刺激肛門

便秘時就算再注重飲食、運動，也可能無法獲得改善。想在家幫寶寶排出滿肚子大便的最有效方法就是棉花棒浣腸，用棉花棒直接刺激肛門，幫助排便。

但是，這並不表示用了棉花棒浣腸後，就能立即獲得改善。棉花棒不能插太深，時間也不可以太長，只要將棉花棒前端1公分插入肛門，沿著四周輕輕劃個2～3圈。可是，也不會因為習慣成自然，從此之後就只能用棉花棒來解決問題了。

及早就醫，體驗排便順暢

一旦開始堆積，糞便就會變硬，變得更難排出，拉不出來又持續累積。因此，陷入惡性循環。要是寶寶認為便便是一件很痛苦的事，就會對排便心生畏懼，只要感到害怕，想幫寶寶解決便秘問題，也會變得困難重重。

經過大人協助後，依舊無法順利排便的寶寶，建議要儘速就醫。利用藥物讓寶寶體會排便順暢的感覺，才能有效解決便秘問題。

拉出來很辛苦！便秘！

7 個月大

母乳 ‧ 副食品 1 次

無法順利排便，每次都是場硬戰。照片裡的是因為憋了5天，看起來很不舒服，只好用市售塞劑幫忙。該不會是因為討厭吃青菜吧？

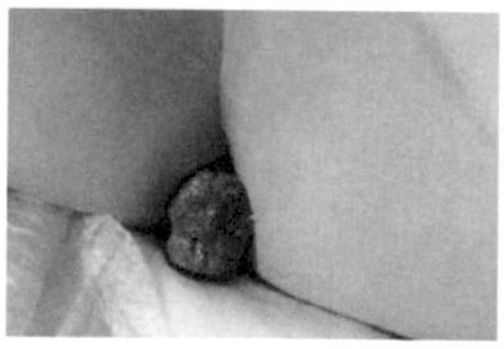

這樣看來應該是腸道長但蠕動作用不佳的便秘寶寶。如果一直都是這種糞便狀態，建議到醫院請求專業協助會比較好。

1 歲 6 個月

嬰兒食品 3 次

滿 1 歲後的冬天，總是要感冒不感冒的樣子，然後就便秘了。因為邊大便邊哭，只好帶去醫院，便便還硬到造成肛門出血。

身體狀況不好時，腸道蠕動也會受到影響，容易造成便秘。如果便秘只會出現在這時候，就不需要過度擔心。

直接刺激肛門的棉花棒浣腸

1 用棉花棒沾點凡士林或乳液

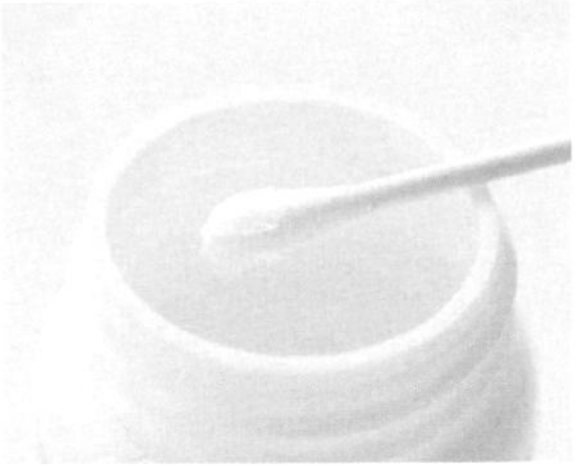

嬰兒用棉花棒比較細，因此使用的是大人用的棉花棒。用棉花部分沾一點凡士林或嬰兒油，增加潤滑。

2 將棉花棒頭插入肛門

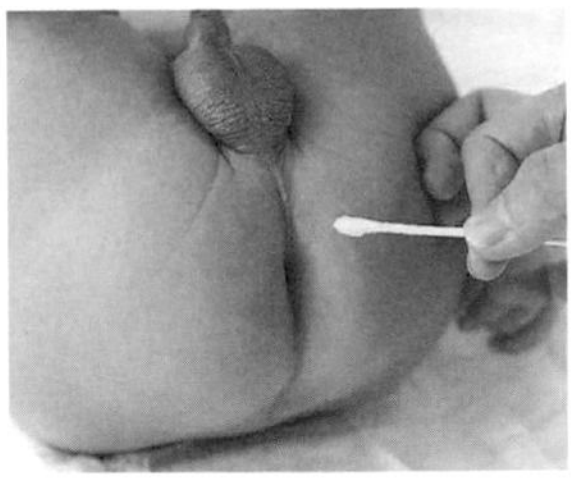

將棉花棒頭輕輕插入小寶寶的肛門。寶寶兩腳亂踢或身體亂動時，就不要勉強硬塞。

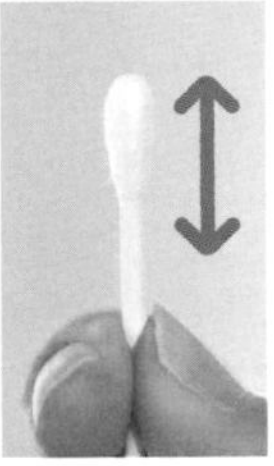

棉花棒只要插到看不到棉花即可，不需要插太深。

3 將棉花棒直直插入肛門後，就將棉花棒前端稍微朝下

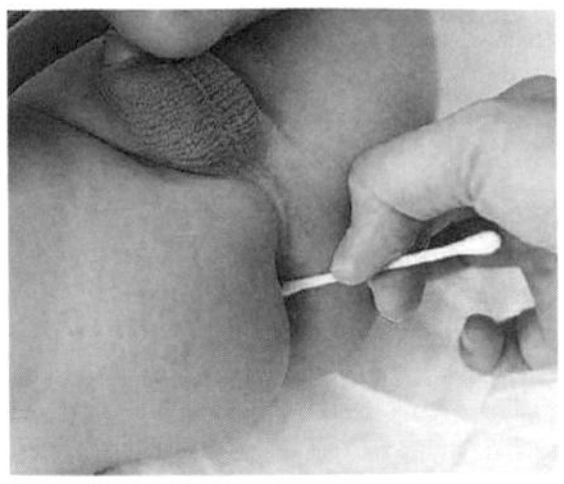

棉花棒插入肛門後，將棉花棒前端稍微往下，朝背部方向移動。

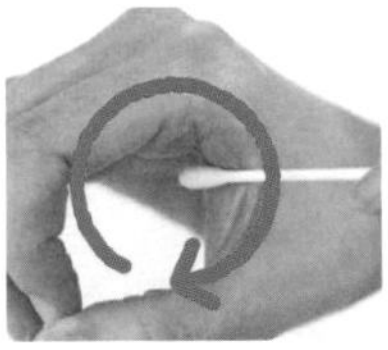

用棉花棒的側面輕輕沿著肛門內側擦拭，刺激神經產生便意。

棉花棒插入後，將棉花棒前端稍微往下移動後，再溫柔擦拭肛門外圍。

用媽媽的手指也 OK

刺激肛門時，不一定只能用棉花棒。媽媽可以戴上拋棄式橡膠手套，小指沾點凡士林，輕輕按摩寶寶的肛門。

便秘症狀反覆出現時，請帶到小兒科診治

容易便秘或被糞便阻塞肛門的寶寶，就立刻帶到小兒科吧！使用塞劑，協助寶寶排出累積多時的便便，問題解決後，再做好預防便秘的工作。不過，便秘太嚴重的孩子，看過 1 次醫生之後也不能掉以輕心，可暫時先利用藥物，幫寶寶建立規律的排便習慣。寶寶一直將便便當成苦差事的話，就無法改善便秘問題。

症狀？過程？便秘經驗談

1歲

耗了20分鐘，才擠出一顆巧克力球大小的便便，目前正以藥物控制

看起來真的很硬，便便時很痛苦，就帶去看醫生。醫生開了一種叫做「百靈佳」的軟便藥，一開始想說先吃個幾次，沒便秘的話就停藥。不過，醫生說：「最重要的是要順利將糞便排出，不要再便秘了」。於是，就一邊觀察寶寶的排便情況，一邊使用藥物控制排便。

7個月 1天吃2次副食品，糞便水分變少，就開始便秘了。視情況，有時候很順暢，但有時候就是大不出來。

↓

9個月 依舊持續有時很順暢，有時就是上不出來的情況。便便有時圓圓的，有時恢復正常，總是變來變去的。

↓

10個月 排便時要很用力，有時候還會大到哭出來。拉出來的都是圓形顆粒，考慮要不要去看醫生。

↓

11個月 耗了20分鐘，總算拉出來，但都只有巧克力球大小。當天立刻送醫，浣腸後就立刻拉出一大包便便！

↓

1歲 正在服用藥物。看寶寶的身體狀況，有時候大不太出來。這時候，就會調整藥量，盡量不要讓便便堆在腸子裡。

11個月

開始吃副食品後就便秘了，但學會走路後，問題就解決了

完全沒有排便問題，每天上廁所都很輕鬆。但開始吃副食品後，1週都沒大便！按摩肚子、棉花棒浣腸都沒太大效果，每次便便都搞到滿臉通紅。雖然不安，但學會走路後，問題就解決了。

6個月 開始吃副食品後就便秘了。曾經1週都沒大便，讓爸媽很緊張。

↓

10個月 每天餵寶寶吃蘋果、香蕉，開始有點改善。

↓

11個月 學會走路，運動量增加後，便秘問題就解決了。現在每天都能輕鬆大2次。

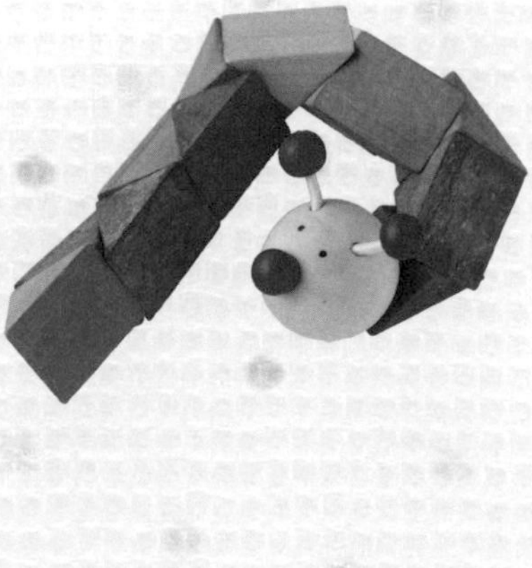

10歲

頑固的便秘體質，慢慢獲得改善，差點變成腸阻塞

1 歲左右開始便秘。排便時滿臉通紅。可能是因為痛，常常邊大邊哭，去了好幾次醫院浣腸。隨著年紀增長，逐漸獲得改善。8 歲時又因大便堆積腸內，差點演變成腸阻塞。

1歲 將近 1 週沒大便，只好去醫院浣腸。雖然隨著年紀增長，逐漸獲得改善，但還是很容易便秘。去了好幾次醫院，也買了市售塞劑自行浣腸。

↓

8歲 突然嘔吐，哭著說肚子痛。送急診後，醫生說是因為便秘，差點就惡化成腸阻塞。雖然使用浣腸促進排便，但醫生建議：「慢性便秘還是要靠藥物治療」。

↓

10歲 目前正以藥物控制排便情況，希望不要演變成太過嚴重的便秘。

2歲8個月

覺得有壓力就會便秘，下了很多工夫，幫孩子一起克服

個性比較神經質，只要飲食、環境有一點變化，就會立刻便秘。只要使用棉花棒浣腸或是改變飲食習慣，就能獲得一定程度的改善。可能是因為老二要出生了，孩子因為壓力又開始便秘了，看起來很痛苦，就帶去看醫生了。

2個月 一出生就喝母乳，擔心沒喝飽，但補配方奶就會便秘。靠棉花棒浣腸解決。

↓

6個月 開始吃副食品之後又便秘了。於是，選擇含較多膳食纖維的蔬菜、能促進腸道蠕動的優格，迅速獲得改善。

↓

2歲2個月 老二快要出生前，3 天都沒大便，就帶去看醫生了。吃了醫生開的藥後，就獲得改善；也會使用市售浣腸藥、餵孩子吃麥芽糖，希望能讓孩子的排便更加順暢。

1歲6個月

2 個月大時，就突然便秘，食量變大後就改善了

2 個月大時突然便秘。開始吃副食品後，也未見改善。持續服用小兒科醫生開的藥。戒奶後食量大增，就改善不少了，只是一停藥又會開始便秘，現在會一邊觀察，一邊思考該給寶寶吃什麼。

2個月 突然便秘，但想說先觀察一陣子。沒想到居然 1 週都沒大便。雖然看起來狀態還不錯，不過還是帶去小兒科就醫。

↓

6個月 開始吃副食品後，便秘問題依舊沒有改善。用了棉花棒浣腸，還是大不出來，持續至小兒科回診吃藥。

↓

1歲5個月 持續便秘。雖然有吃藥，但也不是天天都能正常排便。依舊維持 1 天吃 2 次藥的習慣。

↓

1歲6個月 戒奶後，食量、飲水量大增。雖然還在吃藥，但便秘已開始獲得改善。

4大煩惱的 Q&A

感冒

Q 半夜老愛亂踢被子，擔心孩子著涼感冒？

A 踢被子很正常，注意體幹保暖就好

並不是受寒就一定會感冒。寶寶睡覺時，身體都會動來動去，踢被子也是很正常的。只要注意體幹（以肚子為中心，從胸～腰）的保暖，不要讓身體著涼就好了，建議可使用肚圍、防踢被。

Q 雖然說感冒不是著涼引起，但為什麼冬天動不動就感冒？

A 感冒是病毒造成，只有低溫是不會感冒的

感冒是經由病毒所感染的，只有「低溫」是不會感冒的。不過，身體受涼會造成免疫力下降，容易引發病菌感染。除此之外，感冒病毒在乾燥的環境下比較活躍，所以感冒才會好發於空氣乾燥的冬天。

Q 想幫寶寶漱口，但他還小沒辦法自己來？

A 只要寶寶願意喝白開水，不一定要漱口

漱口的目的並不是要將病毒趕出體外，而是要讓喉嚨保持濕潤。通常要到3～4歲才能學會漱口，太小的嬰兒是沒辦法的；如果真的在意，可以一回到家就餵寶寶喝白開水，病毒通常都在上呼吸道活動，進了胃就不會造成大太影響。

Q 若想預防感冒，就算抗拒，還是要讓孩子戴口罩？

A 雖然會達到某種程度的效果，但不需要勉強

最近市面上也推出了嬰幼兒專用口罩。如果寶寶肯乖乖戴的話，的確是可以達到某種程度的預防效果。只不過，口罩的材質無法完全阻擋病毒的入侵，孩子不喜歡就不要勉強了。

Q 聽說肌膚保養真的能預防感冒嗎？

A 肌膚保養能提高皮膚屏障功能、預防感冒

洗澡後乾淨的肌膚，用乳液等增加保濕，就能預防感冒。這是因為保濕可維持肌膚的屏障功能，讓病毒、病菌難以入侵體內。

Q 聽說嬰兒時去動物園，能提高免疫力？

A 就算去動物園，免疫力也不會變好

過去曾有過「無菌狀態下無法培養免疫力，習慣了細菌較多的環境，比較不會生病」的衛生學說。我想這個疑問可能是來自此一學說。不過，偶爾去動物園走一走，是無法提升免疫力的。

Q 優格、納豆等真的具有預防感冒的效果嗎？

A 優格跟納豆都可以提高免疫力，有效預防感冒

據說發酵食品可提高身體免疫力，因此推薦可用來預防感冒。優格、納豆都不需要加熱直接食用，因此都可以拿來製作成副食品，含糖優格裡多半都是失去活性的乳酸菌，建議大家可挑選無糖原味優格。

Q 聽說生病是最好的預防方式，這是什麼意思？

A 生病可以增強免疫力

雖然要小心別讓寶寶生病很重要，不過沒有生過病，反而不是件好事。孩子在生病的過程中，免疫力會持續增強，讓身體變得越來越強壯；生病時給予適當的照顧，不要讓病狀惡化，就能增強免疫力。

Q 善用除菌噴霧就能預防感冒嗎？

A 光靠除菌噴霧無法預防感冒

市面上可以看到各式各樣的除菌產品，但其實效果都差強人意。許多都是能殺菌卻殺不了病毒的產品，因此，光靠除菌噴霧是無法預防感冒的，徹底貫徹勤洗手、作息正常等基本原則的同時，除菌產品可以作為補助。

Q 想讓寶寶吃得營養，幫寶寶增強體力，但寶寶卻沒什麼食慾？

A 沒食慾就不要勉強

沒食慾時，就不要硬餵，以補充水分為優先考量。好入口又能補充營養的食物包括香蕉、水果果凍。果凍要挑非零熱能，有甜味的產品，水羊羹肯吃的話也可以，要挑能有效補充水分與糖分的食品。

Q 鼻涕要擤乾淨嗎？還是可以放著不管？

A 為預防中耳炎，請盡量擦乾淨

鼻涕要盡可能擦乾淨。放著不管會讓鼻涕裡的病毒跑進鼻子深處、喉嚨或耳朵，造成蓄膿症、中耳炎。可以使用市售吸鼻器，但若是在家吸不乾淨，也可以帶到小兒科或耳鼻喉科請求專業醫生的協助。

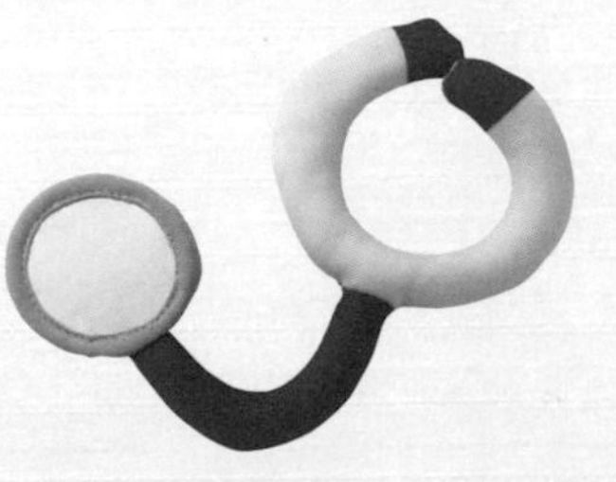

Q 想準備一些成藥以防萬一，有什麼推薦的嗎？

A 嬰兒的藥物必須是醫生開的處方藥

不滿1歲的嬰兒，基本上是禁吃成藥的。自行判斷反而會加重病情，因此寶寶不舒服時，就立刻到醫療院所掛號，服用醫生開的處方藥；把沒吃完的藥留著以備不時之需，是很危險的，請不要輕易嘗試。

Q 感冒時，醫生都開什麼藥？

A 開的都是能減緩不適，也就是所謂「對症療法」的藥物

沒有所謂可以擊退病毒的藥物。因此，感冒時，醫生開的都是減緩不適的藥物，主要包括止咳、化痰、退燒等藥物。此外，為預防感冒引發的中耳炎、蓄膿症，醫生也會開點抗菌藥水。

病毒性腸胃炎

Q 猶豫要不要口服輪狀病毒疫苗？

A 雖然可以預防併發症，但還是有其條件，口服前，請洽專業醫生

寶寶罹患輪狀病毒時，容易導致重症。雖然不常見，但有可能會併發急性腎衰竭或腦炎；為了安全起見，建議還是口服會比較好。不過，需要自費口服，而且接種時間較短，建議可諮詢醫生。

Q 輪狀病毒、諾羅病毒是不是得過1次就免疫了？

A 病毒種類繁多，不可能得過1次就免疫

這類病毒不只一種，就像流感病毒一樣有好幾種。得過1次之後，還是有可能會感染到身體不具備任何免疫力的病毒，不要以為得過1次就沒事了。只不過，年紀越大的人，就算感染了輪狀病毒，病情也不會太嚴重。

Q 聽說病毒性腸胃炎會引發痙攣？

A 雖然不常見，但出現痙攣時請立刻送醫

寶寶罹患病毒性腸胃炎時，雖然機率不高，但有時候會出現痙攣症狀（失去意識、翻白眼、身體僵硬）；這情況很可能會反覆出現，因此症狀平復後，請立刻送醫。雖然目前還無法得知引發痙攣的原因，不過並不會造成任何後遺症。

Q 聽說輪狀病毒、諾羅病毒是無法靠陽光殺菌？

A 陽光殺菌沒有任何效果，必須要用85℃以上的熱水才有效

上述兩種病毒的感染力都很強，光靠除菌濕紙巾、除菌噴處或酒精類消毒劑是沒用的，最有效的就是次氯酸（「Milton」、「Haiter」等）。陽光無法殺菌，若想殺菌，可以將物品浸泡在85℃以上的熱水裡。

Q 感覺不對勁想帶寶寶去看醫生時，需要把糞便帶去嗎？

A 出發前，可以先打電話跟醫院確認，也可以用手機拍照

是否需要進行糞便檢查，必須視醫療機關情況而定，沾有感染力較強病毒的糞便，可能會造成院內感染，可以先跟醫院確認是否需要將包有糞便的尿布一併帶去。為了避免院內感染，有時醫院會建議家長用手機拍照即可。

Q 用除菌紙巾清潔家具，或用除菌噴霧洗手，是否能達到預防效果？

A 除菌紙巾跟噴霧都無法達到預防效果

除菌紙巾、噴霧的成分其實是酒精類消毒劑，可有效對付某種細菌或病毒，但對輪狀、諾羅病毒來說，沒有任何威脅性。想要消滅這類病毒，就必須使用次氯酸，最好的預防方式就是勤洗手。

Q 感染輪狀病毒時，糞便就一定是白色水便嗎？

A 糞便顏色會隨著膽汁分泌量而有所不同

決定糞便顏色的是一種含有色素（膽紅素），名為膽汁的消化液。輪狀病毒在腸道內增生時，會妨礙膽汁分泌，讓糞便看起來白白的。只不過，膽汁分泌量會隨著在腸道增生的輪狀病毒數量而有所不同。因此，糞便顏色不一定全然都是白色。

Q 出現嘔吐、腹瀉等症狀，但次數並不多，也沒有發燒時，是不是可以洗澡的？

A 為了不傳染給家裡其他人，記得要最後一個洗

若寶寶精神不錯，可以帶去洗澡。拉肚子會弄髒小屁屁，洗澡時可以順便洗乾淨；若屁屁紅腫，除了洗澡外，也可以只沖洗下半身。不過，完全康復前，可能會傳染給其他人，一定要最後一個洗。

Q 什麼時候才能重新餵食副食品？

A 腹瀉減緩就可以開始餵寶寶吃碳水化合物

肯喝水，腹瀉次數也變少時，就可以重新餵食副食品。但是，副食品的形態要回到前一個階段。避開柑橘類水果、蛋白質、油膩食物，從較好消化的碳水化合物開始，推薦大家可以先從白粥、鹹粥、煮到軟爛的烏龍麵開始。

Q 可以請醫生開止瀉藥嗎？

A 除非真的很嚴重，不然腹瀉是無法靠藥物控制的

腹瀉是想將病菌排出的身體反應。一般來說，都不會刻意用藥物來控制，一旦吃了止瀉藥，就無法將病毒排出，止瀉藥只能用在出現劇烈腹痛等症狀時，不過，這時候也不會使用藥效太強的止瀉藥。

Q 醫生會開什麼藥？

A 能減緩症狀的整腸劑

病毒性腸胃炎沒有所謂的特效藥，主要的治療方式為減緩症狀等待早日康復的「對症療法」。一般來說，醫院開的藥包括調節腸胃狀態的整腸劑、能補充因病毒而失去活力的酵素的乳糖分解酵素、能補充因腹瀉、嘔吐失去的電解質輸液劑等。

中耳炎

Q 怎麼知道孩子是不是耳朵痛？

A 脾氣暴躁、常摸耳朵都是警訊

耳朵太痛時，寶寶的脾氣會變得很暴躁。此外，還會出現一直想摸耳朵這類很在意自己耳朵的動作。媽媽一碰就會生氣，也是一種警訊，也有孩子因為耳朵痛就不斷搖頭。

Q 洗好澡後用棉花棒清潔耳朵，能否預防中耳炎？

A 跟耳洞的狀態無關，清潔耳朵是無法預防中耳炎的

導致中耳炎的病菌，不是從耳洞跑進去的。因此，清潔耳朵是沒有任何預防效果的，太頻繁反而會傷到外耳。若不放心，只要把入口附近清乾淨就可以。

Q 上寶寶遊泳課是不是容易感染中耳炎？

A 流鼻涕時，就容易感染中耳炎，一定要特別留意

若身體健康，是沒有關係的；但如果有流鼻涕，就算一點點也好，就有可能惡化成急性中耳炎。流鼻涕就表示鼻子或喉嚨正在發炎，這時去游泳就會有病菌跑進來，很容易造成中耳炎。

Q 洗澡時水跑進耳朵裡！擔心會引發中耳炎？

A 就算有水跑進耳朵裡，也不會造成中耳炎

中耳炎是由於鼻子或喉嚨跑進來的病菌，透過耳管進入中耳造成的。因此，水跑進耳朵，並不會引發中耳炎，只要讓跑進耳朵裡的水自然流出即可，過程中會有些許不適，可幫寶寶輕輕擦乾。

Q 中耳炎時要到小兒科還是耳鼻喉科？

A 要治療中耳炎，建議到耳鼻喉科

若無法判斷是感冒還是中耳炎時，可以到小兒科就診。出現耳漏，強烈懷疑是中耳炎時，建議可以到耳鼻喉科。因為，很多小兒科裡清潔耳朵的設備並不齊全。

Q 有沒有哪些孩子特別容易感染中耳炎？

A 依環境、生活作息來看，有些孩子特別容易感染

送到托兒所，常有機會接觸到病原體的孩子，比較容易感染。此外，生活作息不正常導致身體狀況變差，免疫力或基礎體力下降時，可能也容易感染中耳炎。

Q 聽說接種肺炎鏈球菌疫苗，可以預防中耳炎？

A 可能會感染到疫苗裡無法預防的病菌類型

造成急性中耳炎的主要原因——肺炎鏈球菌的種類相當多。就跟接種流感疫苗一樣，只要病菌類型相同就可預防。不過，要是得到施打的疫苗裡沒有的肺炎鏈球菌，還是有可能會受到感染。

Q 出現耳漏時，該不該清理？

A 如果是在耳朵入口處，就輕輕地處理掉

輕輕地把耳漏（從外耳道內流出的一些非膿性液體）處理掉的話，寶寶也會舒服一點。但不要拿一根棉花棒硬插進耳洞裡清理，只要把跑出來的、黏在入口附近的清乾淨就好了。

Q 中耳炎的症狀都不見了，是不是能幫寶寶洗澡？

A 若恢復元氣，就可以幫寶寶洗澡了

症狀減緩，不再發燒，精神好很多了，就可以幫寶寶洗澡。不過，要是有進行過鼓膜切開等外科手術時，還是先跟醫生確認一下比較好。

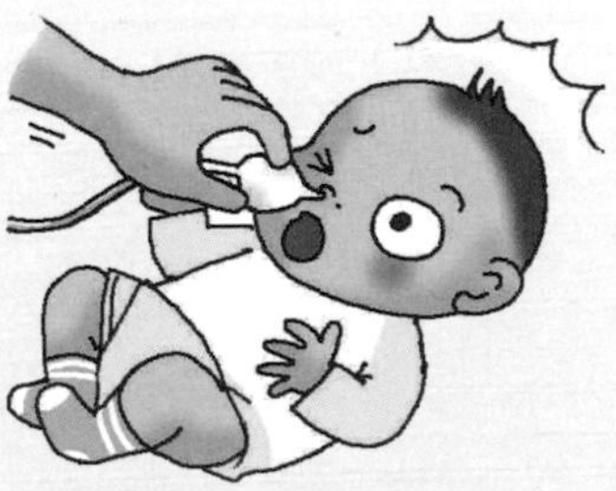

Q 想餵寶寶吃抑制流鼻涕的藥，是否可以？

A 服用這種藥物，可能會加重病情

鼻涕一止住，鼻涕裡的病菌也會跟著停住，這樣反而會導致病情更加惡化。雖然可視情況餵藥，不過還是要先問過醫生，不可以擅自使用市售成藥。

Q 症狀減緩，藥也吃完了，是不是就不用回診了？

A 尚未獲得醫生許可前，最好再回診

除非醫生說：「藥吃完就可以不用來」，不然最好再去醫院回診。不想復發的話，一定要向醫生確認是否已經完全康復。

便秘

Q 明明還在喝奶，都還沒開始吃副食品，為什麼會便秘？

A 還沒吃副食品前也可能會便秘

糞便裡包含了寶寶身體無法吸收的母乳、配方奶脂肪的殘渣、腸道分泌物等，身體不要的物質；固體食物以外的食物，也是會形成糞便。因此，還沒開始吃副食品前也可能會便秘的。

Q 常常超過3天沒大便，這算是便秘嗎？

A 雖然機率不高，但有可能是生病了，為了以防萬一，最好帶去看醫生

雖然機率不高，但有可能是腸子太長的「乙狀結腸過長症」，或是一出生就少了促進排便的神經，或是因為太少就不易排便的疾病。經常發生3天以上沒排便的情況時，帶去小兒科檢查比較放心。

Q 尿布老是出現糞便殘渣，聽說這有可能便秘？

A 屁屁老是髒髒時，有可能是便秘

一般來說，寶寶排便次數較多，一天可能排便好幾次。不過，要是打開尿布時，經常看到一小塊便便，髒髒的，就有可能是便秘。有可能是軟便從堆積在大腸硬便的空隙中漏出來，才會沾到尿布上。

Q 寶寶可以用市售的浣腸藥嗎？

A 使用前，先去看醫生吧！

雖然也可以使用市售浣腸藥，不過還是先去一趟醫院比較好。若只仰賴媽媽的直覺，有可能會忽略了罹患腸道疾病的可能性。另外，使用塞劑時，一定要遵照說明書上的用法・用量。

Q 換配方奶是否能改善便秘問題？

A 有些品牌或許能改善

這是有可能的，每家廠商的奶粉成分都有些許不同，但並沒有可以「解決所有孩子便秘問題」的配方奶。根據孩子的體質，喝了某些牌子的配方奶後，糞便會變軟，排便時也會輕鬆不少。

Q 習慣了棉花棒浣腸、市售浣腸藥後，會不會讓便秘更嚴重？

A 上述兩種都是有效的治療方法，不會讓便秘更嚴重

便秘治療最重要的就是要排出堆積在腸道裡的糞便。因此，棉花棒浣腸、浣腸藥都是很有效的，也不會因此讓便秘問題更加惡化。雖然可能無法立即見效，不過為了促進排便，最好每天1次，盡量讓腸道裡的糞便早日清空。

Q 還在喝母奶的寶寶，會不會因為媽媽的飲食習慣而便秘？

A 不會！但媽媽也要小心便秘問題

媽媽吃的或喝的東西，並不會影響到母乳，進而造成寶寶便秘。不過，要是媽媽容易便秘，寶寶也可能會遺傳媽媽的便秘體質。此外，便秘跟壓力息息相關，媽媽也必須讓自己身處在一個不容易便秘的環境中。

Q 媽媽服用市售便秘藥時，會不會對母乳造成影響？

A 藥物不會造成影響，若不放心，可以哺乳後再吃

市售便秘藥大多都是不會在體內被吸收的藥物。藥物成分幾乎不會影響母乳，其實不需要太擔心。不放心的話，可以哺乳後再吃藥。

Q 父母若常便秘，小孩子也容易便秘嗎？

A 父母的便秘體質有可能會遺傳給小孩

就統計數字來看，「媽媽便秘，小孩也容易便秘」。這或許是因為孩子遺傳了媽媽腸子的長度、腸道蠕動速度等體質。若父母常便秘，全家都必須調整生活作息，重新檢視飲食習慣。

攝取充足水分
正常的生活作息
適度運動
優格
納豆
攝取能促進腸道蠕動的食物
番薯

不是
單純的感冒！

從這些警訊開始的
重大疾病

急性多發性神經炎

可從半夜異常哭鬧、身體動作的細微變化來研判

三更半夜突然開始異常哭鬧，白天也愛鬧脾氣

▼

持續了 2 週就帶去看醫生

▼

換尿布時，發現抬腳時有點異常

走路姿勢怪怪的

▼

換到別家醫院，檢查後立刻住院

1 歲 8 個月時發病。燒到 38℃後，半夜開始大哭，白天也愛鬧脾氣。原本以為只是半夜愛哭，但換尿布時發現腳抬不太起來，走路姿勢也怪怪的，趕緊帶到綜合醫院就診，住院 19 天才完全康復。

哮吼症候群

才想說怎麼咳嗽了，結果沒多久就急速惡化

流鼻涕

▼

咳嗽聽起來很像狗的吼叫聲

發燒超過 38℃

呼吸困難

▼

叫救護車送醫

7 個月大時發病。雖然有流鼻涕，但半夜突然開始咳嗽。從「KONKON」聲變成「KUNKUN」的狗叫聲。滿臉通紅、呼吸困難又發燒超過 38℃，所有症狀在短時間內急速惡化。緊急叫救護車送醫，用了吸入性藥物後，改善不少，醫生開了 3 天的處方藥。

細支氣管炎

從發燒開始，呼吸狀態持續惡化

感冒症狀與發燒

▼

第 3 天時，呼吸變得怪怪的

▼

半夜送急診後住院

10 個月大時發病。症狀包括流鼻涕與咳嗽。第 2 天燒到 38℃左右，第 3 天睡覺時，胸部起伏很大，感覺呼吸困難，半夜送急診後就立刻住院。前 2 天都在 24 小時的照護室裡，以氧氣罩進行治療，住院 10 天。

第3章 肌膚問題

嬰兒濕疹
汗疹
尿布疹
傳染性膿疱病
異位性皮膚炎
念珠菌皮膚炎

為什麼會出現肌膚問題？

寶寶肌膚較薄，受到一點刺激就會出問題

皮膚的厚度只有大人的一半且容易乾燥，受到一點刺激就會有反應

大人不太會受汗疹所苦，但嬰兒卻恰恰相反。這是為什麼？

首先，嬰兒的皮膚很薄，厚度只有大人的一半，因此，只要受到一點外部刺激就容易出問題；再加上，水分常會經由皮膚蒸發，容易乾燥，皮膚一乾燥，就更容易受到刺激，造成肌膚問題持續惡化，形成惡性循環。

其次，皮膚表面的皮脂較少。寶寶剛出生時，皮脂還算多。不過，3個月後就會大量減少；像蠟一樣包覆在皮膚上，可預防水分蒸發的皮脂一減少，皮膚就容易受刺激。

解決肌膚問題的關鍵在寶寶的流汗體質

寶寶的汗腺（汗水流出的孔洞）數量跟大人相同，也是讓寶寶肌膚容易出問題的原因。小小的身軀擁有與大人相同數量的汗腺，因此有人說「寶寶的汗水是大人的2～3倍」。脖子、手腳凹陷處容易堆積大量汗水，也是造成肌膚問題的原因之一。

容易出現肌膚問題的部位

每個人的身體都有比較容易產生肌膚問題的部位。像傳染性軟疣就好發於經常相互磨擦的腋下，而念珠菌皮膚炎多半都是因尿布疹引起的。

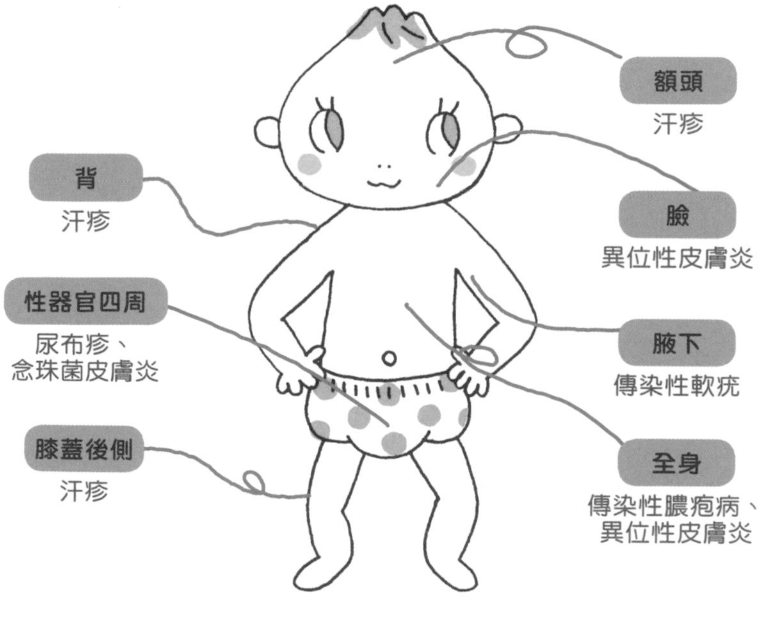
額頭
汗疹
背
汗疹
臉
異位性皮膚炎
性器官四周
尿布疹、
念珠菌皮膚炎
腋下
傳染性軟疣
膝蓋後側
汗疹
全身
傳染性膿疱病、
異位性皮膚炎

寶寶的肌膚跟大人不同！

皮脂量較少，容易龜裂

剛出生1～2個月受到賀爾蒙的影響，皮脂量較多。但3個月～10歲的皮脂量只有大人的3分之1。皮脂可預防水分蒸發，因此皮脂較少的嬰兒肌膚容易乾燥產生龜裂。

肌膚乾燥
異位性皮膚炎
等

比大人還會流汗，身體容易髒

就算身軀較小，但汗水出口的汗腺數量，卻大人一樣。因此，據說寶寶的排汗量是大人的好幾倍。大量的汗水會讓皮膚腫脹，造成汗腺阻塞。汗水排不出去就會發炎，形成所謂的汗疹。

汗疹
念珠菌皮膚炎
等

因防禦功能尚未完備，容易受到傷害

保護肌膚的是位於表皮下的「角質層」。寶寶的角質層容易剝落，造成保護肌膚的能力＝防禦功能，比大人來得脆弱。肌膚只要受傷，細菌或病毒就容易從表皮入侵，造成肌膚問題。

尿布疹
傳染性膿疱病
異位性皮膚炎
念珠菌皮膚炎
等

皮膚較薄，易受刺激

人類的皮膚本來就薄，但寶寶皮膚的厚度只有大人的一半。因此，對汗水、髒汗等的刺激，都很敏感，有時候想說吃飽幫寶寶擦嘴巴，一個不小心太用力就會受傷。

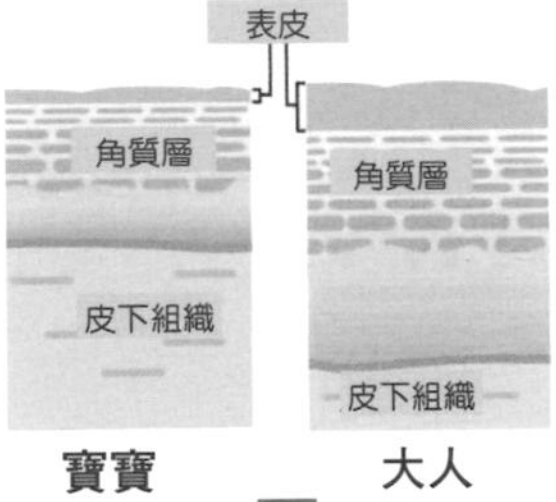

尿布疹
汗疹
傳染性膿疱病
異位性皮膚炎
等

也會出現皮脂大量分泌的時期

1～2個月時，受到來自媽媽體內賀爾蒙的影響，皮脂量會增加。換句話說，就是容易出油。因此，頭皮、額頭至鼻子、腋下等，皮脂腺較多的部位，容易造成濕疹，或是產生脂肪或頭垢這些類似皮痂的東西。

脂漏性皮膚炎
等

體質＆低防禦・高刺激會引發異位性皮膚炎

異位性皮膚炎的產生，不單單只有過敏，最主要的原因可能是因為角質層的防禦功能不足。角質層一乾就會充滿孔洞，讓各種刺激就會進入人體，演變成濕疹。

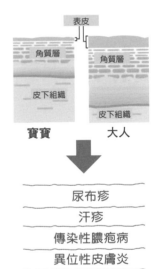

嬰兒濕疹

3 個月大時常見的紅色濕疹，髮根等處也有可能會附著黃黃類似脂肪的東西。

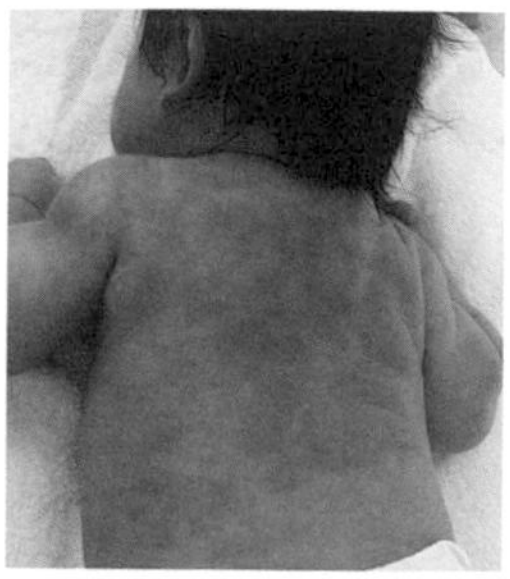

3 個月大時，不只是臉跟頭，就連背上都出現濕疹。擦了醫生開的藥膏，沒多久就痊癒了。

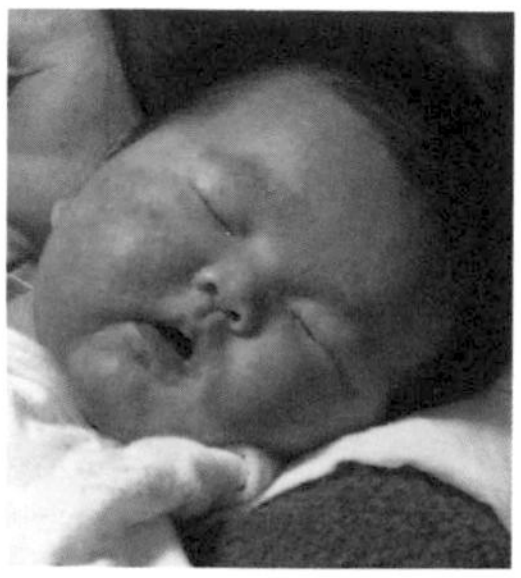

所謂的「脂漏性皮膚炎」。3 週大時，眉毛四周出現黃色痂狀的濕疹，1 個月大左右就消失了。

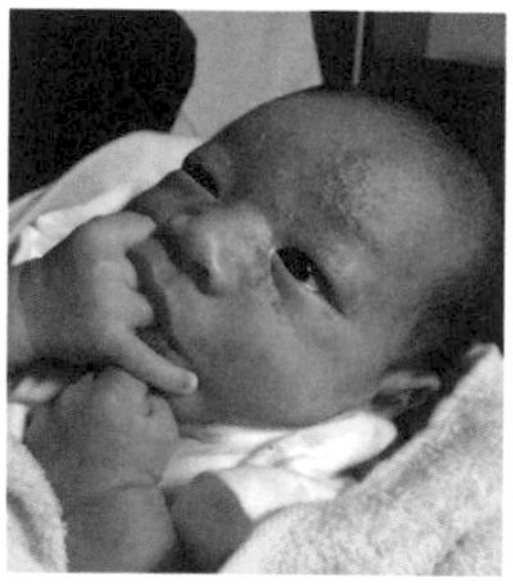

原本以為是汗疹，就擦了市售藥膏，結果情況更加惡化。看完醫生，擦了幾天類固醇藥劑，就獲得改善。

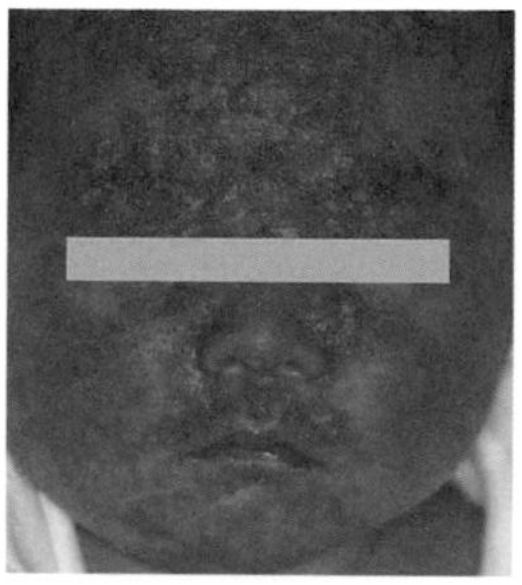

以額頭為中心，出現大塊痂狀物的脂漏性皮膚炎。隨時注意清潔，2 個月後就痊癒了。

汗疹

脖子四周、額頭、手腳凹陷處等，容易流汗的部位會出現的紅色濕疹。因為會癢，抓著抓著就有可能惡化成傳染性膿疱病。

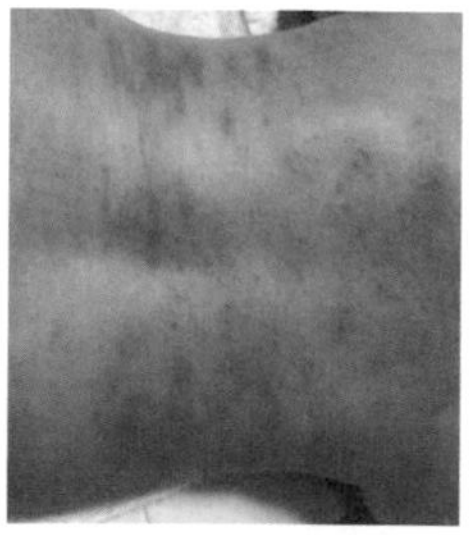

6 個月大時，不知道是不是因為穿太多，背上長滿汗疹。一開始只是淡淡的紅色，之後就一發不可收拾了。

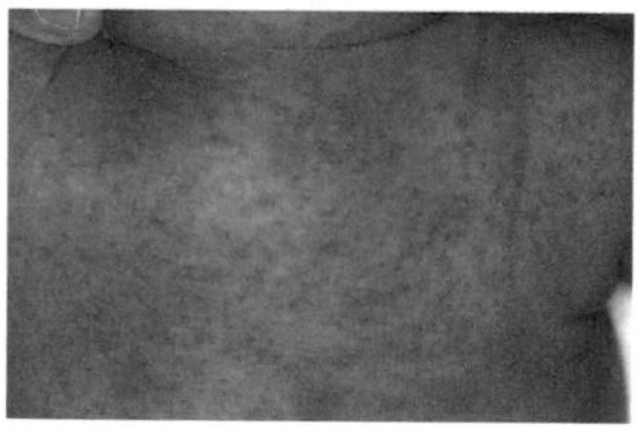

脖子肌膚有所摩擦的地方，都是一顆顆的汗疹。脖子至胸口、後頸至領口處都很容易出現汗疹。

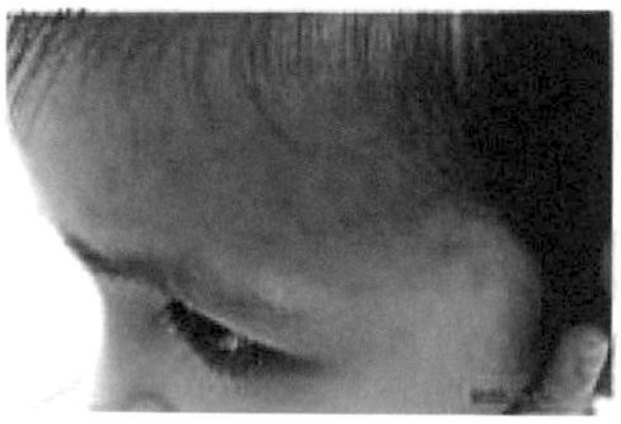

額頭部位出現汗疹，頭部容易流汗，因此髮根長汗疹是很常見的。

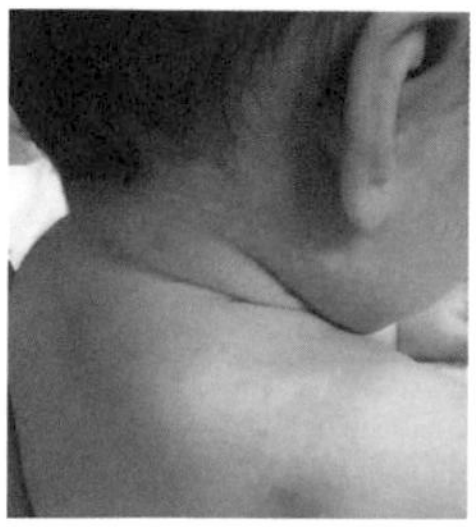

盛夏時分，從脖子到背部出現的汗疹。早晚各 1 次，用淋浴方式將寶寶身上的汗水沖乾淨，再塗上市售藥膏。

尿布疹

悶在尿布裡的敏感皮膚受到糞便、尿液的刺激，就會發炎。嚴重的話，可能會造成潰爛疼痛。

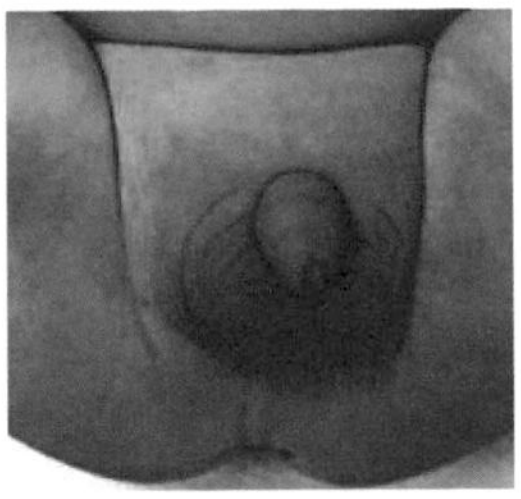

小雞雞到屁股都紅腫潰爛，就診後擦了醫生給的藥，幾天後就復原了。

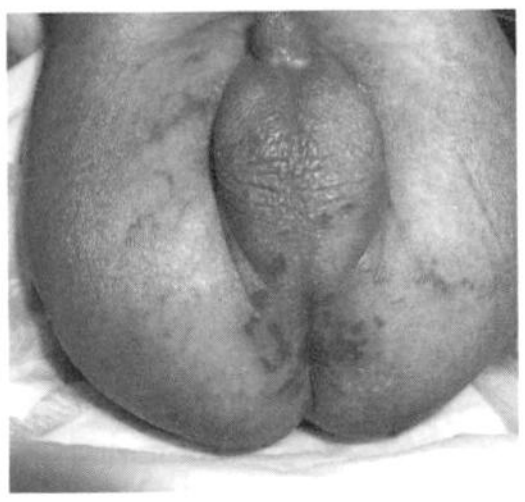

持續腹瀉，肛門四周都開始發炎，還長出一顆一顆的疹子，癢到讓人受不了。

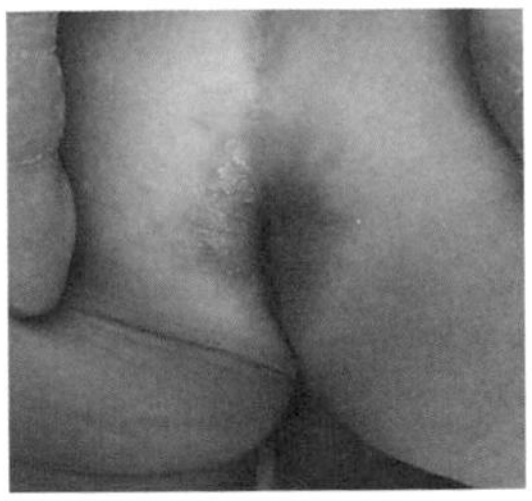

9 個月大時，稍微有點拉肚子，因而造成尿布疹。不是很嚴重，擦了醫生給的藥後 3 天就痊癒了。

注意！ 症狀相似的念珠菌皮膚炎

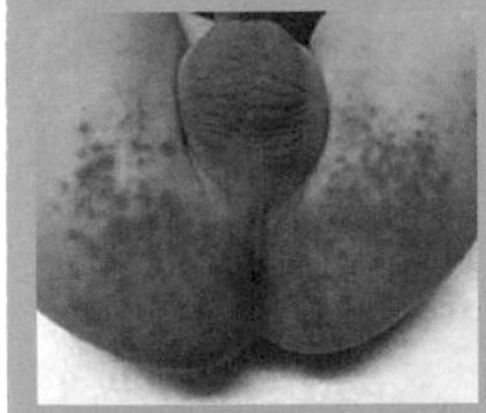

是一種名為念珠菌的黴菌所造成的。多半長在性器官四周，常被誤以為是尿布疹，因使用藥物不同，一定要尋求專業醫師的協助。

傳染性膿疱病

拼命去抓因汗疹或被蟲咬的部位，就會造成細菌感染。會出現癢到受不了的水泡，一抓就會更加惡化。

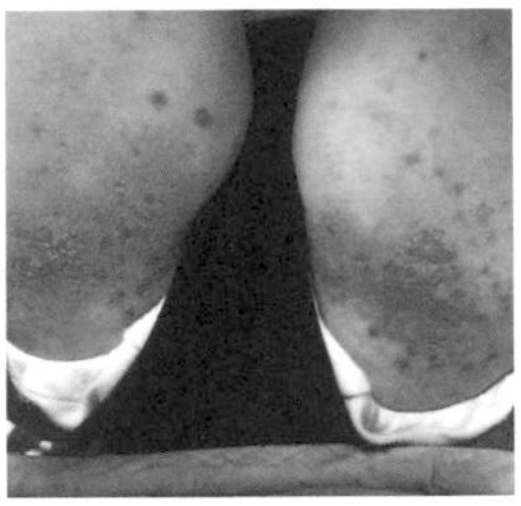

5 歲。看到一顆一顆的以為是水泡，但沒多久就蔓延到全身，又吃藥又擦藥，但還是花了 2 週才痊癒。

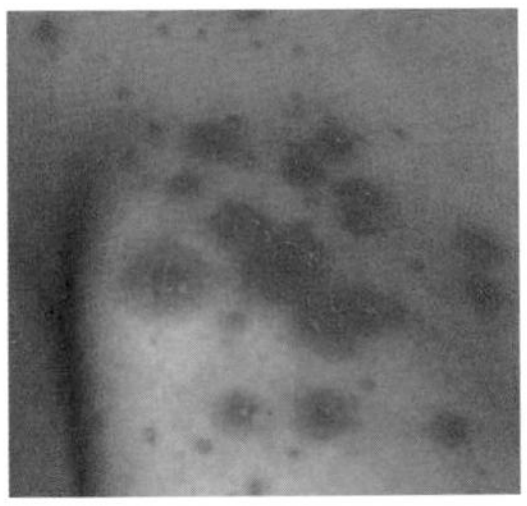

出現大大小小的水泡。擦了醫生開的藥，還是看起來很癢。

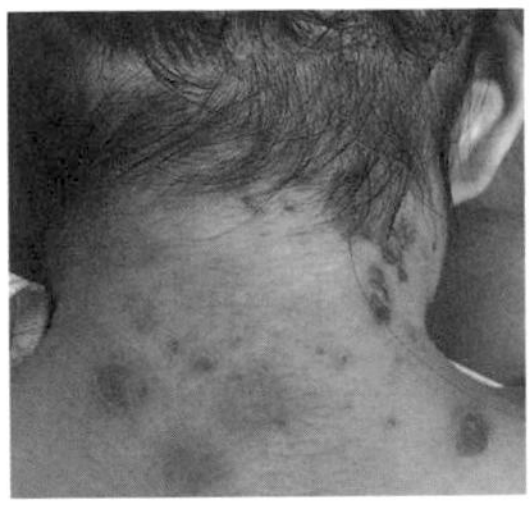

水泡從後頸蔓延到肩膀，呈現痂狀。因為很癢，會讓寶寶很不舒服。

異位性皮膚炎

出現癢到讓人受不了的濕疹，但症狀總是時好時壞。從帶有水氣的濕疹逐漸轉為看起來極為乾燥的濕疹。

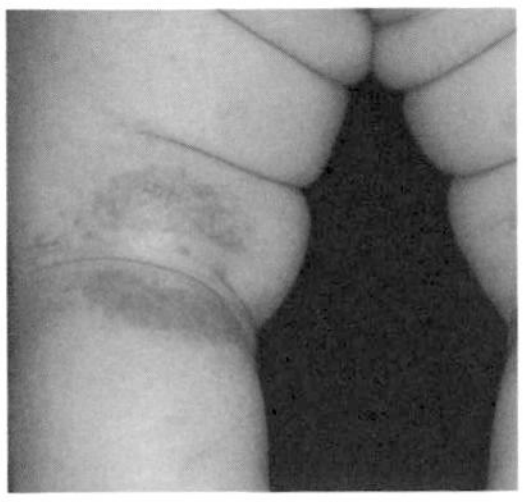

膝蓋後側、腳踝等肌膚容易受到磨擦、壓迫的地方較易出現乾燥濕疹。

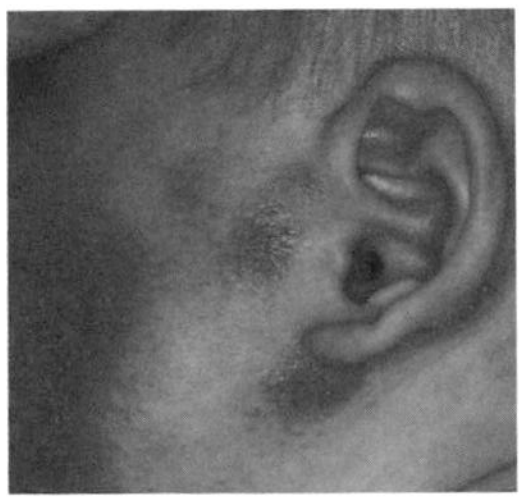

異位性皮膚炎的典型症狀——「割耳朵」。耳垂潰爛、裂開。

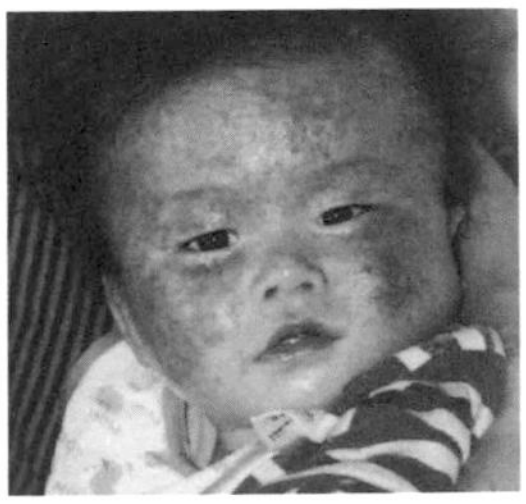

因異位性皮膚炎症狀持續惡化而就醫。看起來帶有水氣的濕疹擴散全臉，看起來很癢。

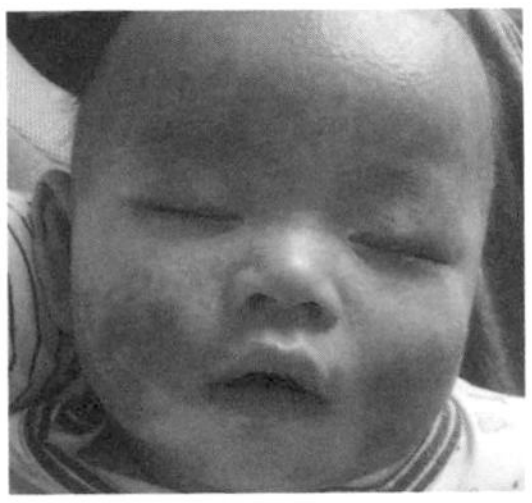

老是治不好的嬰兒濕疹，被診斷為異位性皮膚炎。照片是減少類固醇藥物的使用，症狀持續惡化的時期。

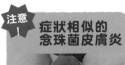

預防與居家照護的重點

無論是預防或照顧，都要注意清潔・保濕・低刺激

雖然保濕很重要，但也不能「總是濕濕的」！

肌膚保養最重要的就是保持清潔。嬰兒的新陳代謝速度相當快，就算天冷也總是汗流浹背，皮膚就容易濕濕的。

嬰兒的肌膚看起來乾淨，但其實很容易髒，所以一天至少要洗1次澡，把身上的髒汗徹底洗乾淨，或者也可以一天沖個幾次澡，把身上的汗水洗乾淨。洗澡時，可用肥皂將身上的油汙洗乾淨，但別直接用肥皂碰觸皮膚，搓好泡泡再塗抹在身上。

清潔後的保濕也很重要。為肌膚補充水分、油分，做好防護工作。洗好澡5分鐘內就立刻擦保濕，起床或吃完副食品後，也可以隨時擦點保濕。

夏天洗完澡後，也可以擦點讓肌膚保持乾爽的保濕產品。不過，「保濕」可不是把皮膚總是弄得濕濕的，皮膚表面腫脹反而會降低防禦功能，造成肌膚問題。

一直擦一直擦，有可能會傷到皮膚

另一個重點就是刺激。禁不起太大刺激的嬰兒肌膚，只要不小心擦得太用力就會受傷，因此，擦屁屁時也要輕輕的喔！

若已出現肌膚問題，就必須要更加小心。亂抓只會更加惡化，所以記得要把指甲剪短、洗澡的水不要太燙、挑選不傷肌膚的天然衣物等，盡量避免刺激寶寶的細緻肌膚。

錯誤的保養方式會導致肌膚問題

容易流汗的季節，全身總是濕答答的。
應該就不用保濕了吧？
肥皂好像會刺激到皮膚。用溫水沖就好。
幫你擦乾淨喔～
擦、擦
咦？為什麼？
這樣的保養方式是錯的？
紅點、紅點…
癢、癢
起疹子

洗澡時一定要洗乾淨

不要一味猛擦，用泡沫輕輕搓洗

寶寶的肌膚基本上要先用沐浴乳搓出泡泡後，再將泡泡包覆在肌膚上。就算用的是硬梆梆的肥皂，也要搓到起泡。1 歲前可以用媽媽的手，1 歲後則可使用柔軟細緻的棉質毛巾來搓泡泡。

皺褶也要翻開來洗

腋下、手臂、手腕、腳等凹陷處，都容易堆積汗水與汙垢，所以，一定要把皺摺翻開來，仔細清洗乾淨。

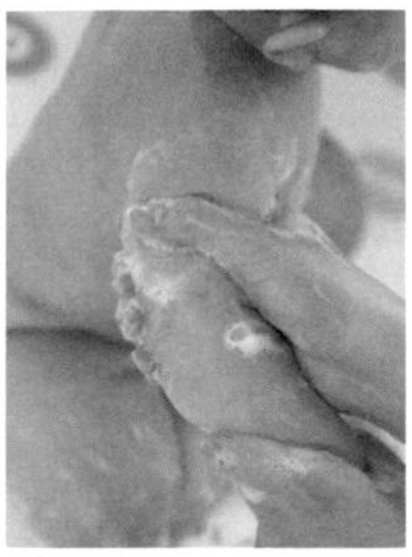

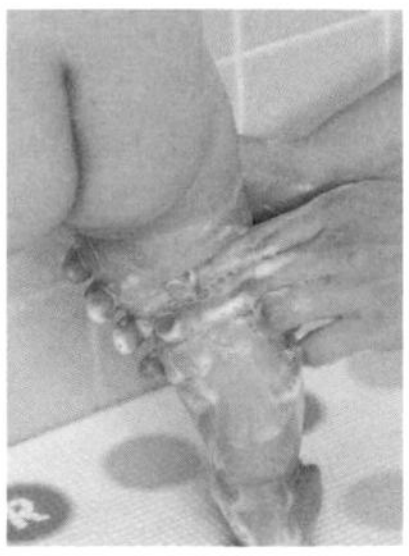

容易忽略的地方，也要仔細清洗

容易忽略的地方也要清洗乾淨。將寶寶的手掌打開，將指縫洗乾淨，下巴下方也是很容易忽略的地方，最後用清水沖洗時，也要記得將泡泡洗乾淨。

耳後

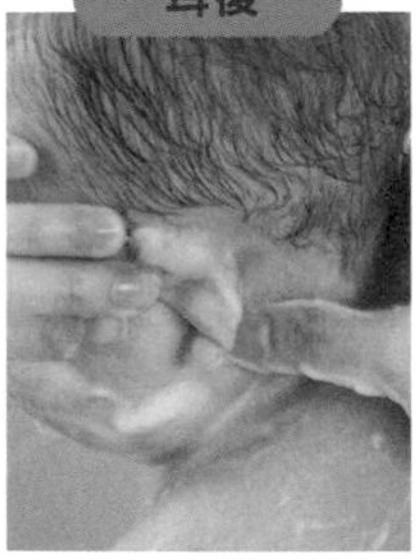

下巴下方

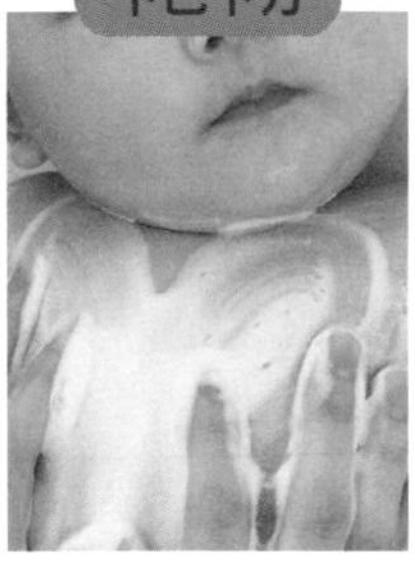

手掌

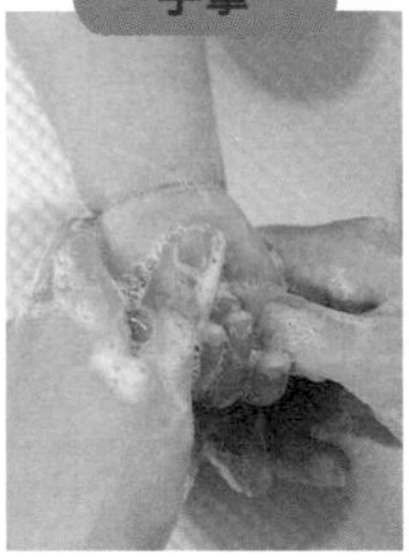

要將肥皂泡泡沖乾淨

沖洗完畢後要立刻把身體擦乾，用浴巾輕輕包好。

殘留的泡泡也會造成肌膚問題，一定要沖乾淨。一洗好就要立刻將身體擦乾。盡可能用柔軟一點的毛巾輕輕按壓，將寶寶身上的水分吸乾，千萬別使勁擦。

<照護&預防>

Step 1

清潔

皮膚沾到汗水、髒汙、尿液、糞便時，會形成刺激造成肌膚問題，甚至惡化，因此，切記一定要迅速清潔髒汙、天天洗澡、常保肌膚乾淨。

皮膚沾到髒汙，會形成刺激造成肌膚問題，吃完東西後，切記一定要以紗布巾沾水擦拭乾淨。

嘴角的食物殘渣、口水、汗水等，要隨時擦拭或沖洗。

手腕、脖子及大腿四周都容易藏汙納垢，洗澡時一定要認真洗乾淨！

Step2

保濕

讓肌膚保持潤澤就能增強其防禦功能，避免受到外界的刺激或感染。冬天時為了不讓乾燥空氣直接碰觸肌膚，一定要隨時幫寶寶擦保濕，也可使用加濕機等，維持室內濕度。

夏天也要注意保濕

擠出日幣1元大小，塗抹範圍則不要超過大人的兩隻手掌

挑選適合寶寶肌膚的保濕產品，塗抹在乾淨的皮膚上。若使用乳液的話，份量約日幣1元大小，範圍則不要超過大人的兩隻手掌。

日幣1元
（原始尺寸）

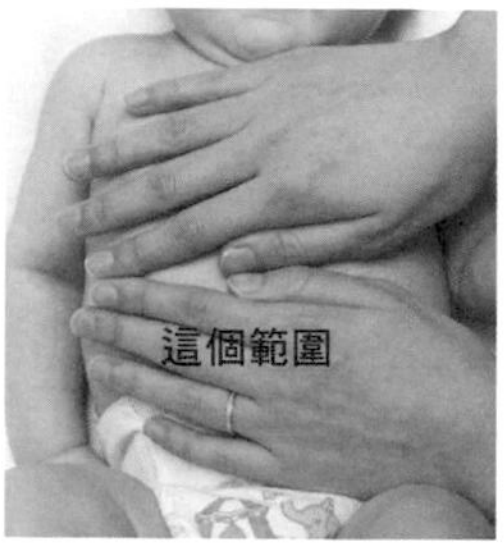

※照片是3個月大的寶寶

將乳液等距點在想塗抹的範圍內，再慢慢推開

將保濕產品點在想塗抹的範圍內，再慢慢推開，也別忘了眼睛四周或皺摺內側這些容易忽略的地方。

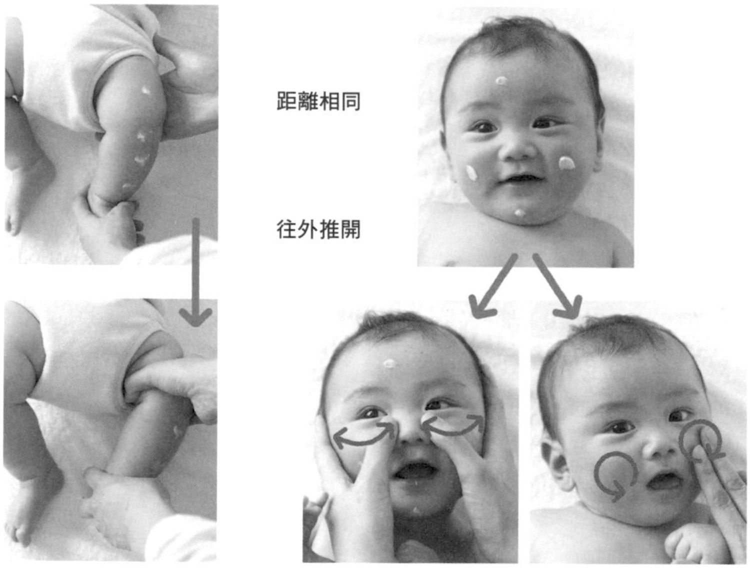

無時無刻注意保濕！

早上起床時

睡覺時會流很多汗，起床時肌膚容易乾燥。因此，把臉、身體擦乾後，記得擦保濕。

流汗後

汗水會刺激肌膚，引發濕疹或汗疹，把汗擦乾後擦點保濕，才能加以預防。

吃飯後

吃飽飯後，在嘴巴周圍塗上一層凡士林，就能避免髒汙四散。

早・晚・洗好澡時，塗抹保濕產品。

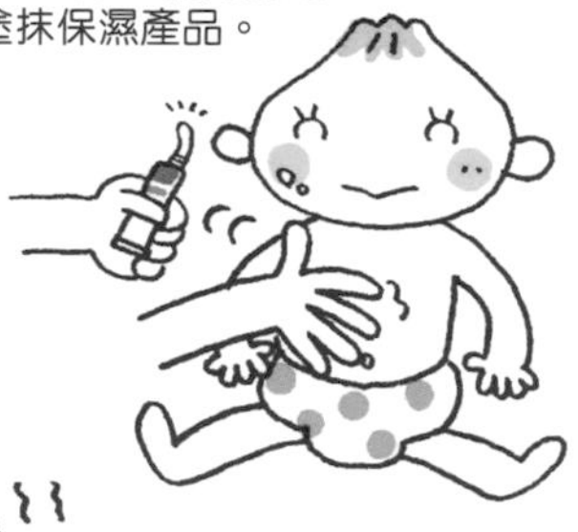

沒穿衣服，容易讓肌膚乾燥。換衣服的速度要快！

各式肌膚問題〔預防&照護訣竅〕

脂漏性皮膚炎

- ☑ 將沐浴乳輕搓起泡後，再溫柔清洗，別讓皮脂殘留在肌膚上。
- ☑ 痂狀皮脂可將沐浴乳擠至指腹後加以洗淨。若洗不乾淨，可帶寶寶到皮膚科就診。
- ☑ 要將泡泡徹底洗淨，洗完澡後別忘了擦保濕。

汗疹

- ☑ 注意是不是暖氣開太強，或是給寶寶穿太多。冬天其實也很常見。
- ☑ 如果有流汗，一定要用濕毛巾把汗擦乾，立刻處理，不要不管。
- ☑ 保持清潔，注意保濕。

尿布疹

- ☑ 出現尿布疹時，不要用市售濕紙巾，而是要用清水沖洗。沖洗完畢後，再用柔軟的毛巾按壓，將水分吸乾。
- ☑ 穿尿布前要先把洗乾淨的小屁屁擦乾。
- ☑ 勤換尿布。
- ☑ 做好保濕再包尿布。

傳染性膿疱病

- ☑ 就算再輕微，也要妥善處理避免惡化。把指甲剪短。
- ☑ 若不幸感染，請立刻到小兒科或皮膚科就診，醫生開的藥膏要按時塗抹。
- ☑ 細菌繁殖速度極快，因此不建議使用 OK 繃。

念珠菌皮膚炎

- ☑ 容易跟尿布疹搞混。使用的藥物不同，請勿自行判斷，一定要立刻就醫。

異位性皮膚炎

- ☑ 每天早晚至少 2 次，一定要確實做好保濕。
- ☑ 擦拭時一定要用柔軟的毛巾輕輕按壓。
- ☑ 醫生所開的類固醇藥劑等，一定要遵守醫囑，千萬別任意調整劑量。

<照護&預防>

Step3 低刺激

寶寶的肌膚較薄，只要受到些微刺激就會出現問題。因此，選擇百分之百純棉衣物，才不會刺激到臉或脖子。肥皂也要搓揉起泡後，再輕輕清洗，避免過度刺激寶寶的皮膚。

絨毛衣等都不要直接碰觸到手臂或脖子的皮膚。

頭髮剪短，不要碰到額頭、耳朵、後頸。

內衣要挑百分之百純棉等的天然材質。

擦拭時用毛巾取代紗布

紗布有可能會刺激到皮膚，因此，建議選用百分之百純棉，較為柔軟的毛巾。

類固醇是什麼樣的藥物？

是減緩皮膚發炎症狀的藥物
當肌膚出現問題時，醫生會開立較為溫和的類固醇，給寶寶使用一段時間

腎上腺賀爾蒙以人工方式合成後所產生的藥物

出現肌膚問題時，醫生所開的藥物中有一項就是類固醇藥劑。類固醇指的是腎上腺所製造的「腎上腺皮質賀爾蒙」，這種賀爾蒙具有減緩發炎症狀、讓血壓升高等功用，以人工方式加以合成，就是大家所說的類固醇藥劑。類固醇藥膏能抑制造成發炎的物質，藉此減緩搔癢、紅腫症狀。不過，也有人擔心其所引起的副作用。

內服或點滴型的類固醇藥劑，會引發高血壓、青光眼等副作用。雖然塗抹在患部的藥膏，不會引起這類副作用，但如果長期且大量使用，則有可能出現皮膚變薄的副作用。

若正確使用，短時間就能改善

將原本人體所製造的賀爾蒙拿來當成醫療用的類固醇藥劑，只要使用方法正確就能產生極大效果，其安全性也已獲得科學實驗證明。無論何種藥物多少都會有點副作用，因此無須只對類固醇藥劑抱有戒心。

醫生如果開了類固醇藥劑，只要依照醫囑，就能減緩症狀。

症狀減緩後，就可停用類固醇藥劑。好好注意肌膚保養，恢復肌膚的防禦功能。擅自減量或過早停用，可能會讓病狀時好時壞。因此，一定要遵照醫生指示。

類固醇很可怕？

「類固醇」的副作用

外擦 可能會讓皮膚變薄，容易罹患皮膚感染症。

內服 可能會造成高血壓、綠內障、白內障、骨質疏鬆。

寶寶使用的類固醇藥劑，基本上都是「弱效（mild）」

類固醇藥膏依消炎效果可分 5 個階段。寶寶所使用的多半是較為溫和的「弱效」藥物。

不會給寶寶使用的

最強效 strongest

戴摩膚（Dermovate）

其它還包括 Diacort 軟膏

非常強效 Very strong

ANTEBATE 軟膏

Fulmeta 軟膏

MYSER 軟膏

ANTEBATE 乳膏

Nerisona 乳膏

ANTEBATE 洗劑

使用時間極為短暫／不常使用

強效 strong

RinderonV 軟膏

RinderonVG 軟膏

BETNEVATEN 軟膏

RinderonV 乳膏

RinderonVG 乳膏

RinderonVG 洗劑

其它包括 Propaderm 、FLUCORT 等

給寶寶用的都是這些

弱效 Mild

LOCOID 軟膏

Almeta 軟膏

Kindavate 軟膏

LOCOID 乳膏

其它包括 PLANCOL、LEDERCORT 等

非常弱效 weak

Euraxh、Prednisolone 軟膏等
效果不佳，醫生鮮少使用

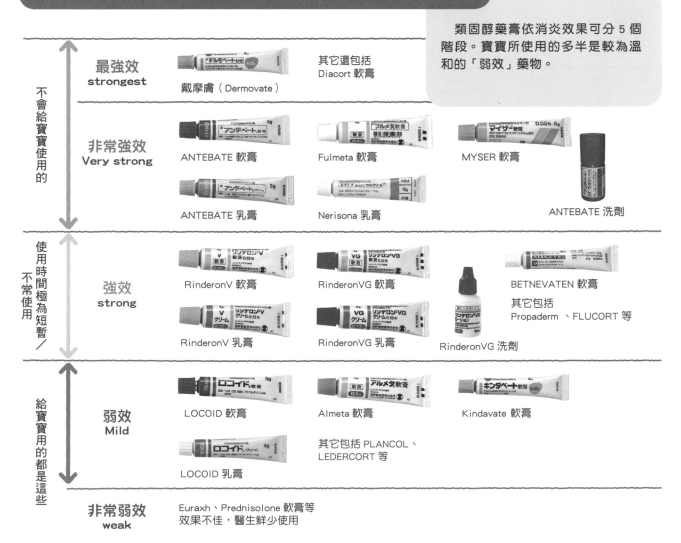

類固醇的正確使用方式

自行判斷只會讓病狀愈拖愈久

依指示確實使用，短時間內可看到成效

就診後若醫生開了類固醇藥劑，無須擔憂依醫生指示使用即可。

類固醇的使用期間與份量，依症狀會有所不同，因此一定要遵從醫生指示。

不過需注意：

- 使用期間約1～2週。
- 只要擠出約大人食指第一關節的份量，塗抹範圍不超過大人的兩隻手掌即可。
- 非硬抹亂擦，而是先將藥膏點在皮膚上再慢慢推勻至薄薄一層。

以上是最基本的塗抹方式。不過，也只是基本而已。「藥效稍微強一點的，就跟保濕產品混合使用」、「使用的類固醇藥劑隨身體部位有所分別」等，使用方式會根據醫生的診斷結果而有差異，不明白時，一定要詳加確認。

若正確使用，就能在短時間內減緩搔癢、紅腫症狀，因為「擔心副作用」，所以只用一點點或擅自停藥，反而會讓病狀拖長。依醫生指示正確使用，就能迅速恢復，這才是使用類固醇治療的原則。

類固醇藥劑　開始使用至停藥的過程

亂抓只會讓發炎更嚴重。類固醇是所謂的緊急處置，為抑制伴隨皮膚奇癢的發炎症狀，就必須依指示使用。症狀獲得改善後，就必須遵照「清潔 • 保濕 • 低刺激」三大原則，讓肌膚維持在最佳狀態。

伴隨皮膚癢的發炎症狀，依醫生指示塗抹類固醇藥劑約１～２週。 → 發炎症狀獲得減緩，皮膚也不再奇癢難耐。 → 停用類固醇藥劑，遵照肌膚保養原則，讓皮膚維持在最佳狀態。

如何擦？

藥量一定要確實遵照醫生指示，次數、份量過少，反而會讓病狀拖長。此外，也不是硬抹亂擦，而是要將藥膏慢慢推勻。

● 擠出約大人食指第一關節的份量。

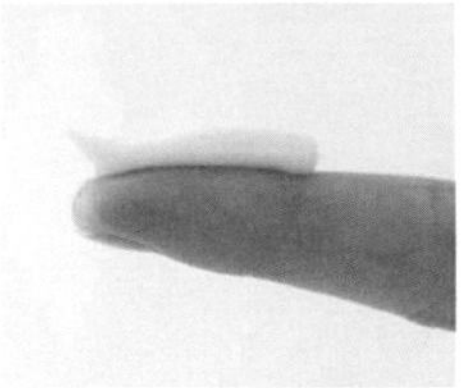

→

● 塗抹範圍不超過大人的兩隻手掌。

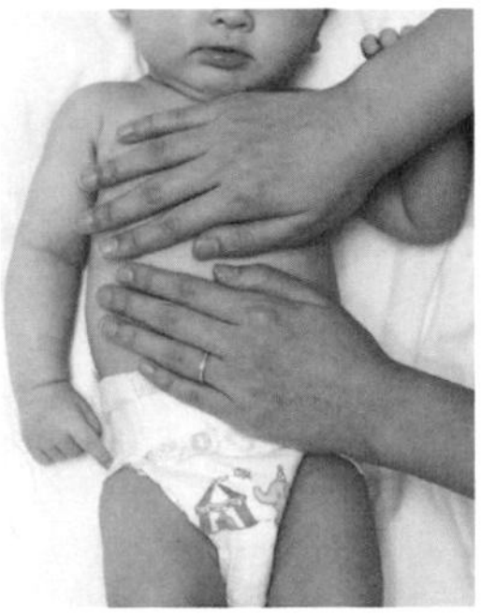

照片裡的是 3 個月大的嬰兒，大人只要兩隻手就能遮住寶寶的上半身。

何時擦？

●基本上是每天早晚各 1 次。
●洗完澡一定要擦。

不光是類固醇，即便是一般藥物或保濕產品，也都是要塗抹在清潔的肌膚上。洗好澡之後，一定要擦，起床後把汗水擦乾後也要塗抹。

正確使用才能快快好！

只要乖乖遵從醫生指示，類固醇的效果其實非常好。能在短時間迅速治癒所有病狀，再遵照肌膚保養原則，就能維持在最佳狀態。

跑了不少家皮膚科……用了類固醇藥劑與氧化鋅軟膏後，總算獲得改善

3 個月大時

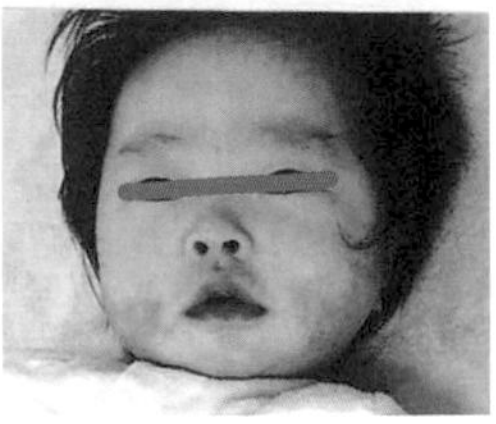

● Rinderon（類固醇藥劑）
●氧化鋅軟膏
●凡士林（保濕、保護藥劑）等

↓

11 個月大時

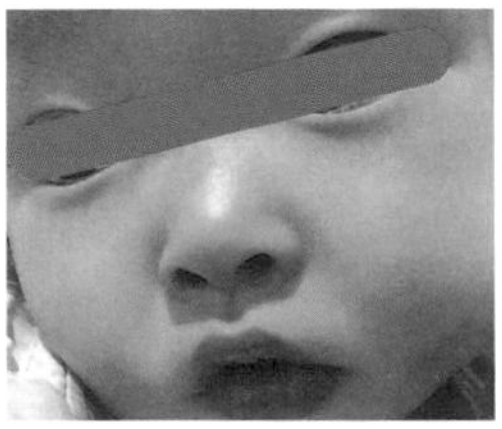

1 個月大時就出現肌膚問題，每換一家皮膚科，就要接受各式各樣的檢查。7 個月大時就診的皮膚科，指導我們正確使用類固醇藥劑，9 個月大時突然好轉。

學習類固醇藥劑、保濕產品使用方式，讓寶寶的肌膚變得更加柔嫩

4 個月大時

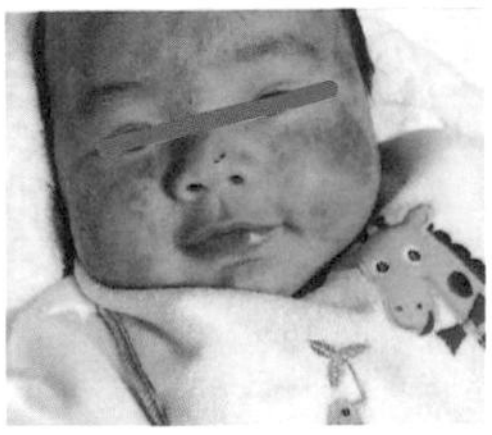

● LOCOID 軟膏（類固醇藥劑）
● LIDOMEX（類固醇藥劑）與凡士林（保濕、保護藥劑）混合劑
● Heparinoid 油性乳膏（保濕產品）等

↓

1 歲 4 個月大時

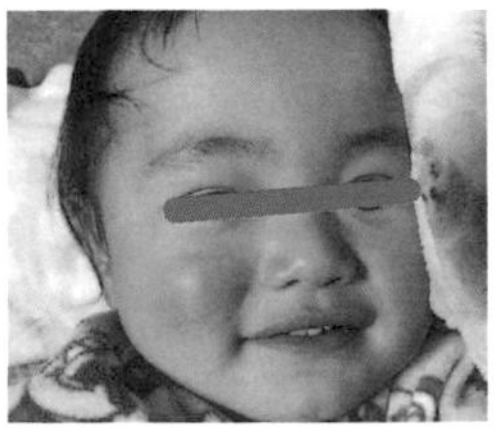

一抓就會流血的異位性皮膚炎，學會類固醇藥劑、保濕產品的正確使用方式，1 年後肌膚問題便獲得改善，目前已經不再使用類固醇藥劑了。

使用類固醇，7 天就已大幅改善。剩下的就是基本的肌膚保養

就診時

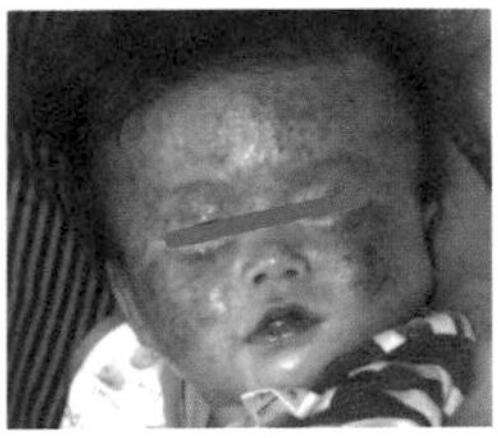

● Almeta 軟膏（類固醇藥劑）

↓

7 天後

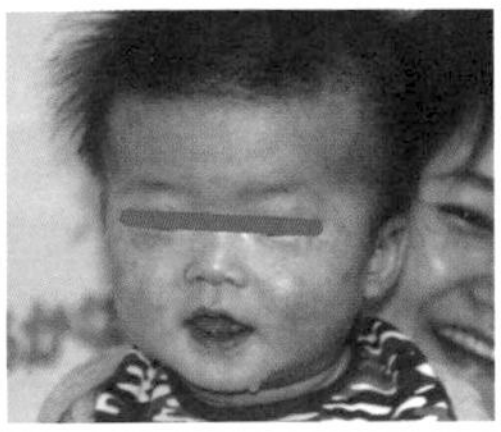

異位性皮膚炎相當嚴重，到醫院求診。洗完澡後，在乾淨的皮膚上塗抹類固醇藥劑。7 天後就如照片所示，獲得極大改善，接下來，只需基本的肌膚保養，讓肌膚維持在最佳狀態即可。

肌膚問題Q&A

Q 嬰兒用沐浴產品有分泡沫乳與固體兩種，應該要選哪一種？

A 兩種都可以。不過，要可以搓揉起泡的

寶寶的身體一定要用大量泡泡輕柔洗淨。只要能搓揉起泡，無論是泡沫或固體都可以，如果沒辦法搓泡泡，會讓成分殘留在肌膚上，造成肌膚問題。

Q 該選擇何種保濕產品？

A 可依季節挑選

就選媽媽覺得好用的吧！夏天選擇清爽型的乳液，冬天選擇滋潤型的乳霜，可依季節來挑選。出現濕疹等肌膚問題時，可先到皮膚科就診，再根據醫生建議，挑選適合的產品。

Q 可以不用肥皂，直接用溫水清洗嗎？

A 有可能會洗不乾淨

頭、額頭、屁股四周等，都是容易累積髒汙的部位，光用溫水是沖不乾淨的。建議使用會起泡的嬰兒專用沐浴乳徹底洗淨。

Q 保濕產品的香味、添加物讓人很在意？

A 挑選不含多餘成分，不傷肌膚的產品

寶寶的肌膚無法承受太多刺激，所以爸媽應該都想挑選不含多餘成分，不傷肌膚的產品。寶寶專用的保濕產品並不會使用過度刺激的添加物，不過挑選弱酸性．無香精．無色素且通過過敏檢測的產品，會更安心。

Q 想預防肌膚問題，就得天天洗澡？

A 寶寶很會流汗，每天要洗1次澡

寶寶的新陳代謝非常快，總是汗流浹背。即便是冬天，依舊滿身大汗，身體也容易累積汙垢。因此，不分季節，每天都要洗1次澡，徹底清除身上的髒汙。

Q 保濕產品可以重複塗抹嗎？

A 重複塗抹也OK，以滋潤型的份量為基準

保濕產品是用來保護肌膚的，多擦一點也無所謂。可以邊擦邊跟寶寶說話，盡情享受親子間肌膚接觸的快樂時光。

預防與照護

Q 洗完澡把身體擦乾時要注意的事項？

A 不可以太用力！輕輕按壓即可！

剛洗好澡時，肌膚正處於含有大量水分容易受傷的狀態。為避免造成肌膚負擔，要用柔軟的毛巾輕輕擦拭，重點在於用浴巾將寶寶的身體包住後輕輕按壓，皺褶處也一定要翻起來擦乾。

Q 乾布磨擦可以保護肌膚，增強抵抗力嗎？

A 會傷到寶寶稚嫩肌膚，一定要小心！

皮膚具有防禦功能，阻止汙垢、病毒等入侵人體，或是水分從體內流失。寶寶的皮膚很薄，防禦功能也尚未成熟，使用乾布大力磨擦，會破壞皮膚的防禦功能，所以，不建議這麼做。

Q 出現肌膚問題時，游泳反而會更加惡化？

A 氯會溶解神經醯胺，讓肌膚問題更加惡化

游泳可能會造成肌膚問題的惡化。游泳池用來消毒的氯，會溶解維護肌膚防禦功能所需的神經醯胺，因此，罹患濕疹時去游泳，反而會更癢。

Q 若想預防汗疹，可以使用止汗爽身粉嗎？

A 可能會造成感染，並不建議使用

嬰兒爽身粉雖然會讓肌膚變得乾爽，但粉末可能會阻塞汗腺或殘留在身體凹陷、皺褶處，造成感染，沒有非用不可的必要性。

Q 出現汗疹的部位，可以用肥皂洗嗎？

A 肥皂不會造成刺激，請安心使用

預防汗疹最好的方法，就是做好肌膚清潔。因此，用肥皂清洗乾淨也是很重要的；選用刺激性較低或嬰兒專用肥皂，搓出大量泡沫後再來幫寶寶洗澡吧！每天1次的洗澡時間，就用肥皂洗乾淨吧！

Q 為預防尿布疹，每尿1次尿就要立刻幫寶寶換尿布？

A 能常換是最好的！尤其是夏天時，一定要勤換尿布

最理想的狀態，就如同問題所說的。只要一尿尿就立即換尿布，當然是最好不過了。但就實際情況來說，執行上有其困難度。不過，至少在大量流汗的夏天，一定要記得勤換尿布。

Q 室溫要維持在幾度才不會得汗疹？

A 大人覺得舒適的溫度即可，基準是25至27℃左右

以大人覺得舒適的溫度為基準。夏天媽媽覺得熱的時候，就可以開冷氣來調節溫度。內外溫差過大，會造成身體負擔。因此，設定溫度時，維持25至27℃即可。

Q 布尿布比較不會感染尿布疹？

A 無論是紙尿布或布尿布，想預防尿布疹最重要的就是要勤換

雖然跟膚質有關，不過最近的尿布品質都很好，大大降低了感染尿布疹的機率。此外，用過的布尿布會出現布料特有的僵硬感，因而導致尿布疹，無論是布尿布或紙尿布，只要長時間不換，都會造成尿布疹。只要髒了，就立刻換吧！

Q 穿無袖容易感染濕疹？

A 建議給寶寶穿能吸取腋下汗水的有袖衣物

天氣炎熱時，穿短一點看起來比較涼。不過，要是沒有可以吸取腋下等處汗水的衣物，寶寶很容易感染濕疹。因此，為預防濕疹，建議可以給寶寶穿著可吸汗的有袖棉質T恤。

Q 只有尿尿可以不擦就直接換尿布嗎？

A 已經沾到髒汙，一定要擦乾淨

尿液含有尿素、氨等成分，會刺激寶寶皮膚。尿布裡面很悶，夏天也會流汗。因此，一定要溫柔地擦乾淨後再換穿新尿布。

Q 尿布疹時是不是要盡量避免使用市售濕紙巾？

A 因含有酒精成分，可能會造成刺激

市售濕紙巾的纖維較硬，又含有酒精成分，會刺激到皮膚。使用沾了溫水的脫脂棉才不會傷到得了尿布疹的小屁屁，不需要用力擦，而是用溫水輕輕將髒汙沖洗掉。

Q 用茶或鹽滷來洗屁屁，就能有效治療尿布疹？

A 雖然有預防效果，但不具治療功效

綠茶裡的兒茶素具抗菌效果，因此可達到一定的預防效果，但卻不具任何治療功效，至於鹽滷的效果，目前還是個未知數，如果太嚴重，一定要帶去看醫生。

皮膚藥、類固醇藥劑

Q 可以擦市售藥膏嗎？

A 嬰兒或孩童專用的產品，可以試著使用

如果是嬰兒或孩童專用的產品，可以使用看看。但若是成人用的產品，一定要事先詢問藥劑師；用了幾天，若症狀未見改善或惡化，一定要及早就醫。

Q 一停用類固醇藥劑就立刻復發。用過就無法停藥了嗎？

A 從肌膚保養著手，讓肌膚保持最佳狀態

「戒不掉類固醇藥劑」的情況是不可能發生的。復發時就從肌膚保養的三大重點「清潔・保濕・低刺激」著手；不要因為「看起來好多了」就擅自停用類固醇藥劑，停藥前一定要先問過醫生。

Q 軟膏、乳膏、洗劑有何不同？

A 藥物成分相同，形狀不同特徵也有所差異

無論是軟膏、乳膏或洗劑，其成分都一樣，只有形狀上的差別。水分較少的軟膏較有黏性，容易附著在皮膚上；乳膏較不黏膩，因此更好吸收，擦在傷口上，可能會覺得刺刺的；水分較多的洗劑可立即見效，但效果並不持久。

Q 聽說類固醇藥劑只是硬把發炎症狀壓下去，根本無法根治？

A 雖然無法徹底根治，但卻是最適合拿來減輕症狀的藥物

雖然坊間都說「沒有一種藥可以徹底把感冒治好」，不過卻有許多能減緩發燒、咳嗽等症狀的藥物。類固醇也是一樣的道理。利用類固醇消炎止癢，就能協助肌膚恢復防禦功能，進而改善肌膚問題。

Q 聽說用過類固醇後，其它藥物都會失去效果，這是真的嗎？

A 外用的類固醇藥膏，並沒有這樣的問題

內服的類固醇藥物，若與糖尿病、高血壓、感染症等藥物一起服用，可能會讓這些藥物的藥效大打折扣，或是增強其藥效。不過，外用的類固醇藥膏，就不會出現這樣的顧慮，也不會影響到預防接種。

Q 有沒有無法使用類固醇藥劑的肌膚問題？一般人可以自行判斷嗎？

A 真菌、病毒所引起的皮膚炎，使用類固醇只會讓情況更加惡化

念珠菌皮膚炎、單純皰疹病毒、香港腳等，真菌（黴菌）或病毒所引起的皮膚炎，若使用類固醇只會讓情況更加惡化。一般人也很難看出其中差異，所以千萬不要拿之前用剩的藥膏，一定要尋求專業協助。

Q 不小心舔到擦了類固醇藥劑的部位，會不會對身體造成影響？

A 稍微舔到，不會有問題

稍微舔到擦在皮膚上的類固醇，並不會對身體造成危害。這些藥膏的味道其實都不會太好，所以不需要擔心寶寶會吃過量。若不放心，可以用繃帶或衣物將擦了藥膏的部位包起來。

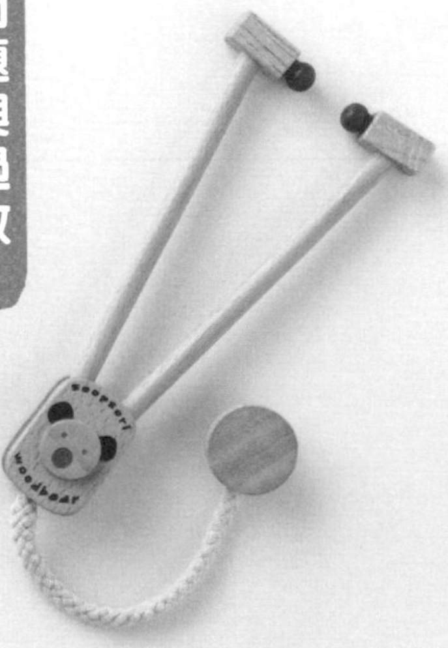

肌膚問題與過敏

Q 異位性皮膚炎會遺傳嗎？

A 體質會遺傳，但不一定會出現跟父母相同的症狀

父母若有過敏疾病，有可能會遺傳到小孩身上。至於會不會發作，則跟基因有關，即便是兄弟姊妹，出現的症狀也有所不同，症狀不一定會跟父母一模一樣。

Q 寶寶皮膚很乾，會不會是異位性皮膚炎？

A 皮膚乾燥不一定就是異位性皮膚炎，就先觀察一陣子！

寶寶的皮膚很薄，防禦功能也尚未成熟，因此很容易乾燥。異位性皮膚炎的特徵是奇癢無比的濕疹時好時壞。因此，基本上醫生會建議先觀察2個月再下判斷。

Q 如果媽媽有異位性皮膚炎，可不可以餵母乳？

A 跟媽媽的症狀無關，可以安心餵寶寶喝母乳

異位性皮膚炎並不會透過母乳傳染，因此可以安心餵寶寶喝母乳。此外，因過敏服用藥物時，對母乳的影響也微乎其微；寶寶喝了也不會有太大問題，若真的不放心，可以請教熟識的醫生。

Q 經常感染嬰兒濕疹的孩子，是不是容易得到異位性皮膚炎？

A 沒有絕對關連性，若想預防，就做好肌膚保養吧！

嬰兒脂漏性皮膚炎與異位性皮膚炎沒有絕對的關連性。不過，還是有出現過脂漏性濕疹遲遲未見痊癒，就變成異位性皮膚炎的案例。平常就要養成清潔肌膚、用柔軟毛巾輕輕擦拭、每天多擦保濕的習慣。這樣才能預防異位性皮膚炎。

造成肌膚問題的導火線

這是真的嗎？不讓寶寶被蚊子咬的因應對策

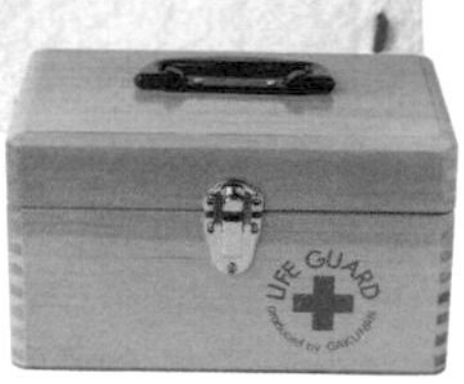

小孩子比較容易被咬？

蚊子比較喜歡體溫較高或很會流汗的人，嬰幼兒的體溫較高又很會流汗，跟大人一起出門時，的確比較容易被咬。

有比較不會被咬的血型？

自古以來的傳說或某些研究文獻，的確有提到蚊子比較愛咬某種特定血型的人。不過，都尚未獲得科學證實，聽聽就好了。

穿白色衣服比較不會被咬？

蚊子能分辨的只有黑色跟白色，尤其喜歡黑色物品。因此，常常會找上那些穿黑衣或膚色偏黑的人，穿白色衣服比較不會被咬是真的。

各種防蚊產品

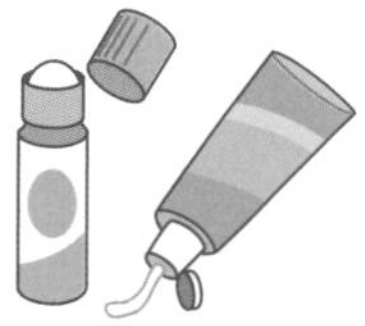

塗抹型

跟防曬乳搭配使用時，一定要先擦好防曬乳，再擦防蚊藥膏。

噴霧型

為了避免寶寶誤吸，朝臉部四周噴灑時，媽媽一定要用手遮住孩子的口鼻。

穿戴型

手環、貼紙等。貼紙不是直接貼在皮膚上，而是貼在衣物上。

擺放型

可以吊掛或擺放在嬰兒車等，寶寶身處的空間環境裡。

第4章

學習正確知識

預防接種

就醫時機

為什麼要打預防針？

保護寶寶，避免罹患會造成嚴重後遺症、危及性命的疾病

0～1歲寶寶必須接種的疫苗種類

需要接種疫苗的都是有可能導致嚴重後遺症，甚至致死的疾病。目的是為了預防造成整體社會的大流行。目前0～1歲必須接種的常規疫苗有7種，流感等非常規疫苗的有3種。（註：台灣公費疫苗有7種；自費疫苗有3種：十價肺炎鏈球菌疫苗、口服輪狀病毒疫苗及A型肝炎疫苗。）

打完後可能會出現發燒或局部紅腫的狀況，不過很少會出現嚴重的副作用，也很少會出現與接種疫苗有直接關係的案例。若考慮到自然感染的風險，還是積極接種，才能預防疾病。

達到國際標準的預防接種

近年來，嬰兒必須接種的疫苗急速增加。若要全部打完，0～1歲的嬰兒必須接受20次以上的預防接種。不過，這其實是國際的標準，10年前，做為先進國家的日本，能接種的疫苗少到驚人，目前在日本被視為非常規的疫苗，在其他先進國家，都被列為常規疫苗。厚生勞動省（台灣衛福部）也開始提倡要將所有疫苗都視為常規疫苗。（註：台灣公費疫苗施打為國際標準。）

預防接種真的有效嗎？

根據1 **預防接種的普及，讓疾病大幅減少**

1952年預防接種制度尚未完備前，有許多人都是死於這些疾病。隨著疫苗接種率的逐年提升，罹患疾病的人數也開始減少。1年的死亡人數降到0至十幾位。

疾病名稱	1950年前後 1年平均死亡人數	近年 1年平均死亡人數
百日咳	1萬～1萬7000人	0～5人
白喉	2000～3800人	0～5人
破傷風	2000人	10～15人
小兒麻痺	數百～1000人	0人
麻疹	數千～2萬人	10～20人
日本腦炎	2000人左右	0～2人

※資料來源「日本衛生動向」

根據2 **需定期接種後，乙型流感嗜血桿菌、肺炎鏈球菌等感染症減少**

日本乙型流感嗜血桿菌於2008年，肺炎鏈球菌於2010年開始，被列為非常規疫苗。當時5歲以下的人口數約10萬人，然而一年的死亡人數裡，約有8人是因為乙型流感嗜血桿菌引起的髓膜炎，3人則是因肺炎鏈球菌所引發的髓膜炎。改為常規疫苗後，接種的人開始增加，死亡人數也隨之減少。2012年時都在1人以下。（註：台灣公費為五合一疫苗及13價肺炎鏈球菌疫苗。）

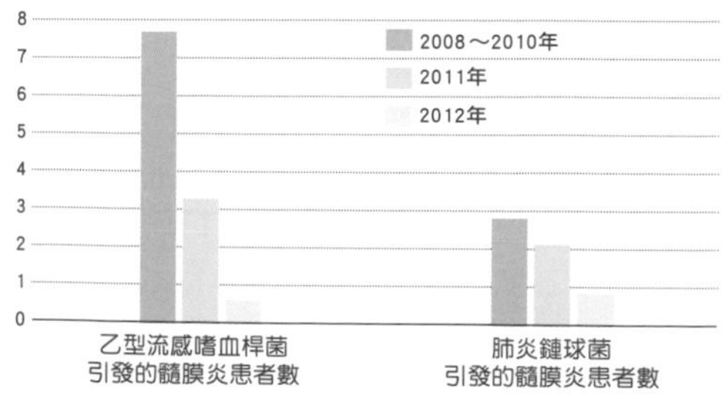

打了幾次後就不打了，會有什麼後果？

應該要打4次的，但到3次就不打了，有些父母可能會想，「有打比通通沒打好吧？」但如此一來就無法達到預期的效果。疫苗的設計就是要打完預定次數，寶寶體內才能產生能預防疾病的抗體，所以就算因寶寶狀況而無法準時施打，還是要乖乖打完規定次數。

逾期可能無法施打，一定要多加留意

雖然常規疫苗是免費接種，不過條件是要在規定期限內施打。有時可能會因為寶寶剛好身體不舒服而無法準時施打，差幾天應該都還在容許範圍內，不過還是有可能會無法施打，可與熟識的醫生商量後，再決定施打日程。

預防接種時程表

出生後半年～1歲過後是高峰期

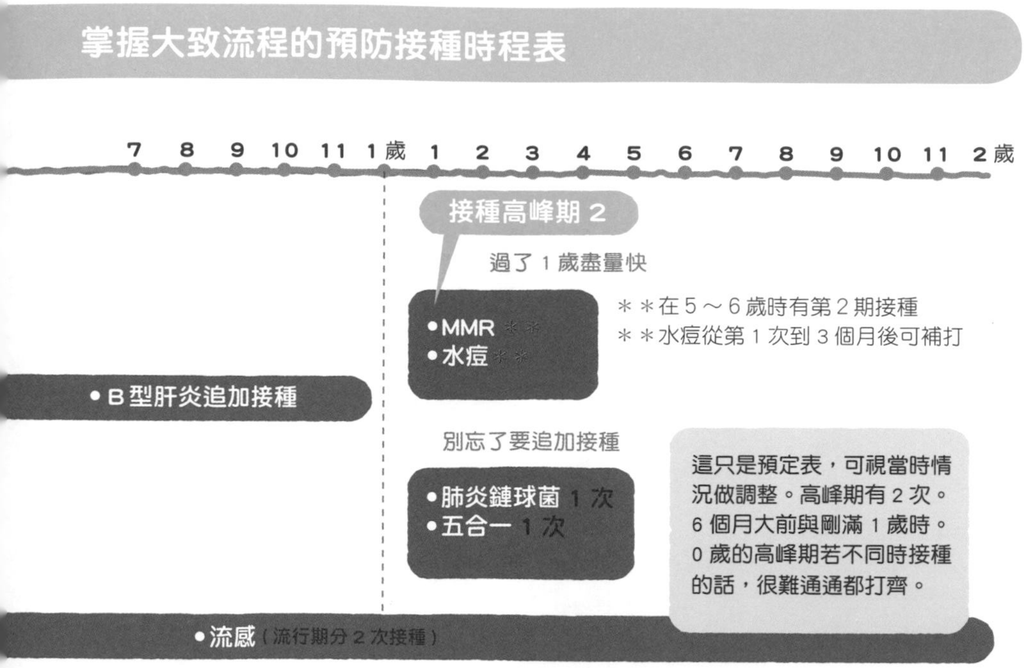
掌握大致流程的預防接種時程表
7 8 9 10 11 1歲 1 2 3 4 5 6 7 8 9 10 11 2歲
接種高峰期 2
過了 1 歲盡量快
•MMR ＊＊
•水痘 ＊＊
＊＊在 5～6 歲時有第 2 期接種
＊＊水痘從第 1 次到 3 個月後可補打
•B 型肝炎追加接種
別忘了要追加接種
•肺炎鏈球菌 1 次
•五合一 1 次
這只是預定表，可視當時情況做調整。高峰期有 2 次。6 個月大前與剛滿 1 歲時。0 歲的高峰期若不同時接種的話，很難通通都打齊。
•流感（流行期分 2 次接種）

0 歲接種疫苗 7 種（＋流感）	
B 型肝炎	3 次
輪狀病毒（非公費）	2 次或 3 次
肺炎鏈球菌	2 次
五合一	3 次
卡介苗（BCG）	1 次
麻疹腮腺炎德國麻疹	1 次
	共計 12 次（或 17 次）
＋流感	共計 18 次（或 19 次）

1 歲接種疫苗 5 種（＋流感）	
日本腦炎	4 次
肺炎鏈球菌	1 次
五合一	1 次
麻疹腮腺炎德國麻疹混合（MMR）	1 次
減量破傷風白喉非細胞性百日咳及不活化小兒麻痺混合疫苗	1 次
	共計 8 次
＋流感	共計 9 次

很多都要打 2 次以上

是否要接受預防接種，就交由父母來判斷，無法將責任轉嫁到他人身上，一定要主動去思考與斟酌。最近，許多人都是問過熟識的兒科醫生後，才將施打時程排定。

0～1歲的預防接種，公費・自費加起來共有十幾劑。有些只需施打一劑，但大部分都要接種好幾劑。

時程可視個別狀況排定，不過高峰期大多分布在①2～6個月大，②剛滿1歲時，要全部打完的話，就必須「同時接種」。

打？不打？非常規疫苗

視情況決定要不要接種

首先是大原則，請放棄「非常規不打也沒關係」的想法。在日本（台灣）許多被視為非常規的疫苗，在其它先進國家都被列為常規。換句話說，就是被定位為可能留下嚴重後遺症，甚至導致死亡的疾病。

因非常規疫苗必須自費，故可能為種種理由選擇不打。若一定要訂優先順序的話，「接種期間較短的輪狀病毒疫苗，可視情況決定」，這是因為輪狀病毒雖然會因劇烈嘔吐、腹瀉而住院，但很少會留下什麼後遺症。根據個別情況，可諮詢兒科醫生後，再規劃施打時程。（註：台灣建議施打，以減少日後住院的可能。）

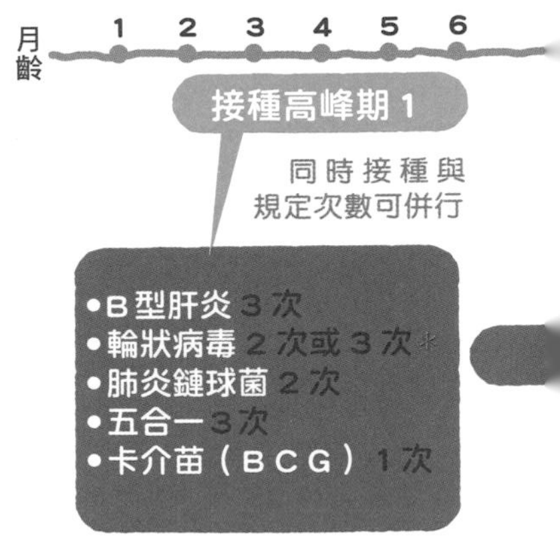

月齡
1 2 3 4 5 6
接種高峰期 1
同時接種與規定次數可併行
•B 型肝炎 3 次
•輪狀病毒 2 次或 3 次＊
•肺炎鏈球菌 2 次
•五合一 3 次
•卡介苗（BCG）1 次

＊輪狀病毒 2 次的出生超過 24 週，3 次的超過 32 週就無法接種。

什麼是非常規疫苗？

常規以外的疫苗。以台灣而言，目前像是 10 價肺炎鏈球菌疫苗、口服輪狀病毒疫苗及 A 型肝炎疫苗就屬於這一類。非常規多為自費，但各地方政府可能會提供相關補助，可先諮詢小兒科。

非常規疫苗Q & A

Q 輪狀病毒為什麼有分兩劑跟三劑？

日本（台灣）許可的輪狀病毒疫苗有 2 種。「羅特律（ROTARIX）」只能對 1 種輪狀病毒產生效用，分 2 次接種。「輪達停（ROTATEQ）」能有效對抗 5 種輪狀病毒，分 3 次接種。這兩種疫苗要在身上產生抗體的接種次數都是固定的，預防效果也大同小異，根據家長的判斷來選擇。

Q 為什麼輪狀病毒疫苗接種時間較短？

據說長大一點才口服輪狀病毒疫苗，可能會造成「腸套疊」（腸子交疊，引發腸閉塞的疾病）。為了趕在不容易引發腸套疊時完成接種，時間也就設定得比較短。

Q 腮腺炎打 2 次比較好嗎？

只打 1 次無法獲得足夠抗體，因此偶爾還是會發生打過之後還是得了腮腺炎的情況。想獲得足夠抗體的話，最好還是打 2 次。（註：台灣施打 MMR 麻疹腮腺炎德國麻疹混合疫苗，共 2 劑。）

Q 腮腺炎的話，天然傳染會比較好？

腮腺炎可怕之處在於會併發聽力障礙。雖然機率不高，近年的研究指出幾百人當中會有 1 人，並非少見併發症，有風險。

Q 為什麼流感疫苗要 6 個月後才能打？

未滿 6 個月的寶寶在媽媽的免疫保護下，比較不會得流感，也不會因此惡化。要到 6 個月後，才會自行產生抗體。因此，若流感盛行時，寶寶已經超過 6 個月的話，可以考慮接種。

輪狀病毒口服1次要上千元！
好貴！
什麼！
那口服了也沒意義啊！
聽說口服了還是會得耶！
而且我們常去的醫院沒有在口服這個！
這樣還要不要自費啊？
怎麼辦？
怎麼辦？

同時接種與副作用

同時接種會不會造成身體負擔？

副作用出現的頻率沒有太大的分別

幾種疫苗一起施打就是同時接種。應該有很多媽媽會擔心，「同時打會不會造成寶寶身體的負擔？」其實，同時接種也一樣，在海外是很常見的。

此外，0～1歲要打超過20次疫苗，不同時接種的話根本就打不完。日本厚生勞動省認為，「1次打多針也是可以的」，小兒科學會也說「同時接種與單獨接種，副作用出現頻率沒有太大分別」。只不過擔心會產生副作用，或因缺乏經驗有所不安，因此限制數量的醫生也不在少數。

什麼是同時接種？

1次打2種以上的疫苗。數量跟疫苗組合沒有任何限制，少上幾次醫院報到，也能減輕父母的負擔，也不用擔心會忘了打。

同時接種Q&A

Q 同時接種的上限？

日本厚生勞動省與小兒科學會都說1次無論打幾針都沒有問題。疫苗的組合也沒有限制，活性疫苗與非活性疫苗也可以同時接種。不過，一般的醫療機關最多能同時打3～4種。

Q 為什麼有些醫院不接受同時接種？

幾年前有發生過同時接種後死亡的案例，因此曾經暫停了一段時間，再確認安全性後，又重新施行。因為以上案例，或因為日本才剛開放同時接種沒多久，所以有醫生不建議進行同時接種。（註：台灣可同時接種。）

Q 一下子打右邊，一下子打左邊。為什麼要換來換去？

進行同時接種時，接種部位必須距離幾公分，分左右邊打的話，就能完全分開。也有人說分開打的話，接種部位就不會腫起來。不過，寶寶的手臂能打的空間很狹窄，太多針的話也是有可能打在同一隻手的。

Q 聽說非活性疫苗要間隔1週，活性疫苗要間隔1個月。為什麼可以同時接種？

打了預防針後，身體會在幾小時後產生免疫反應。若間隔幾分鐘的話，疫苗並不會相互影響，也能順利產生抗體，與疫苗的種類、數量無關。

不會引發嚴重副作用嗎？

近年沒有出現嚴重副作用的相關報告

接種後最令人害怕的副作用，就是過敏性休克。因此，醫院都會建議接種後不要馬上離開，先留在醫院觀察，或是回家觀察，一定要乖乖聽從指示。不過，近年並沒有接種後出現嚴重副作用的報告。

最常見但沒有那麼嚴重的副作用，就是接種部位的紅腫。連續打了1次、2次、3次，很容易出現紅腫，紅腫的範圍很廣，超過手肘到前臂的話，就要回到接種的醫院就診。

此外，打完B型嗜血桿菌或肺炎鏈球菌疫苗後，有10％機率會發燒。若打完預防針後，超過38℃的高燒持續2天以上，就要回到接種的醫院就診。還能乖乖喝奶，精神也不錯時，可以在家觀察；但若沒什麼精神，就要立刻送醫。（註：台灣施打五合一疫苗，較少出現副作用。）

所謂的副作用

打了預防針後會出現的生理反應。最常見的就是紅腫、發燒等。雖然極為少見，但也有小寶寶會出現激烈的過敏反應。藥物所引起的化學反應都稱為「副作用」，就意義上來說幾乎大同小異。

發燒了
今天打了預防針……
副作用？
感冒？
我該怎麼辦才好？

副作用Q＆A

Q 接種當天，洗澡時的水溫不要太高？若出現紅腫，要冰敷嗎？

接種當天，洗澡方式跟平常一樣就可以了。不必刻意準備溫水。不過，千萬別用力擦洗接種部位，紅腫時冰敷一下，會稍微舒服一點，不冰敷也沒關係。

Q 聽說打腳比較不會出現副作用？

日本的預防接種疫苗都屬於皮下注射，而非腳、屁股的肌肉注射。過去曾因肌肉注射引發股四頭肌攣縮症，讓寶寶走路出現問題。所以，才會將肌肉注射改為皮下注射。（註：台灣疫苗注射兩種皆有採用。）

Q 若有感冒，要恢復到何種狀態才能打預防針？

若出現感冒症狀，但只要精神不錯，也沒發燒，就能施打。嬰兒發燒超過37.5℃就要注意，因此必須低於37.4℃才符合條件。只不過，平均體溫也因人而異。若有感冒建議先諮詢醫生，尋求最專業的判斷。

就醫注意事項

醫生的診斷有8成是來自爸媽的情報

詳實記錄發燒、食慾、情緒起伏的過程

大家認為就醫時，醫生會需要哪些資料？診療時會聽聽胸腔的聲音，偶爾還會進行檢查。不過，其實透過診療、檢查得到的資訊只有2成，剩下的8成都是來自父母，由此可知，24小時都在照顧寶寶的人所提供的情報是多麼重要。

「想獲得具體資訊的包括發燒、食慾跟情緒。平常的狀況如何？什麼時候起了怎麼樣的變化？若是有疹子，是什麼時候開始長的？就醫前簡單整理一下，能讓診療過程更順利。」（土田醫生）

就算是枝微末節的小事，也會仔細聆聽的醫生

覺得寶寶樣子怪怪時，第一個一定會找熟識的醫生。遇到值得信賴的醫生，是所有家長的願望。

雖然說醫生值不值得信賴，也跟彼此的個性合不合得來有關。不過，「是否認真聆聽爸媽說的話」是一大重點。

只要一有什麼不對勁，就能馬上找到人商量。有沒有那種讓人感到安心的感覺，真的差很多，就算是一點小事，但有熟識的醫生可以諮詢，就能不斷累積相關資訊，以便日後做出更正確的判斷。

不過，每天都要接觸很多寶寶的醫生，到底有沒有辦法記住那麼多人啊？「名字可能記不得（笑）。不過，身體有什麼不對勁的話，一定牢記在心。0歲時有來找過我的孩子，3歲再來的時候，我都會想起來『就是當初那個孩子』喔！」（土田醫生）

有沒有其它問題？
看醫生時沒辦法完整說明，常常在回家路上感到懊悔……
想知道在醫院時要怎麼跟醫生說明才對？
這個嘛……醫生最想知道的
首先是
1 發燒到幾度？
2 食慾、情緒跟平常有什麼不同？
3 什麼時候開始起疹子？
可以把這些整理成簡單的筆記
咳嗽
發燒
何時開始？
然後……
一定要攜帶「兒童健康手冊」，才能確認寶寶的成長狀況
不過，預防接種的相關紀錄也很重要！所以，才會發手冊啊……
兒童健康手冊
再補充一點……
聽到爸媽說「會不會是生了××病？」、「需不需要吃××藥」時，醫生並不會覺得不高興。
反而是無法說明孩子平常的狀況，提供的資訊太少，才會造成我們的困擾

痙攣、抽筋的影片

腹瀉的便便

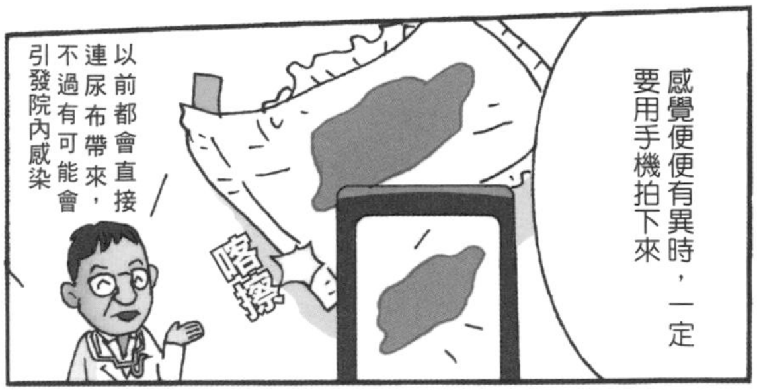

平常就要多加留意的9大項目

睡眠狀態

有沒有睡飽就看起床時心情好不好。仔細觀察孩子是否睡飽，沒睡飽的話就重新調整生活作息。

糞便狀態

要注意顏色，出現紅（有可能是下消化道出血、腸套疊等）、黑（有可能是上消化道出血）、白（有可能是膽道閉鎖、乳糖不耐症等）便，一定要立刻就醫。

發燒

就醫學定義來看，超過38℃就是發燒。在最健康的狀態下，測量寶寶的平均體溫，未滿3個月時，發燒有可能是重大疾病所引起的，一定要立刻送醫。

皮膚狀態

平常就要觀察是否出現濕疹、起疹子，有異狀就要去看醫生。肚子的皮膚皺皺的，又可以捏起來時，有可能是脫水，要立刻送醫院。

排尿狀態

注意每天的尿量與次數。明顯少於平常的話，有可能是因為脫水，母乳、經口補水液等，寶寶肯喝的就多餵。

情緒

情緒是了解健康狀態的重要因素。鬧脾氣或是感覺怪怪的話，就一定要多加留意，觀察寶寶發燒或食慾狀態的同時，也要及早就醫。

嘴巴

生病會造成口內炎、喉嚨痛、口水量增加。正在嘗試副食品的孩子，若吞不下固體食物時，有可能是因為喉嚨痛。

食慾

發燒、口內炎、喉嚨痛、肚子痛等，所有疾病的症狀都會影響到食慾。如果食慾明顯不佳，又沒什麼精神時，一定要趁早就醫。

嘔吐

輪狀或諾羅病毒所引起的急性腸胃炎，多半都是從嘔吐開始的。若嘔吐持續很長一段時間，有可能是髓膜炎所引起的，一定要立刻就醫。

這時候嗎？就醫標準

爸媽覺得「不對勁」時，就是最重要的就醫標準

覺得哪裡怪怪的，說不定重大疾病引起的？

症狀可能沒有那麼嚴重，但去醫院看醫生可能會被傳染到其它疾病，因此感到猶豫。有類似感冒、腹瀉，這些寶寶常見症狀時，根據月齡、是否發燒等，因應方式也會有所不同。

另一方面，就算沒有發燒、拉肚子等明顯症狀，但平常跟寶寶最親近的爸媽要是覺得「好像哪裡怪怪的」、「跟平常不太一樣」時，說不定就是某些重大疾病的前兆，可以找熟識的醫生諮詢。

醫生認為需要時，就會幫忙轉診到綜合醫院或教學醫院，這時候一定要記得請醫生轉診，因為這對綜合醫院、教學醫院的醫生來說，除了診療、檢查結果外，爸媽的談話與介紹信內容都是很重要的診斷資訊。

有感冒症狀時

寶寶常見的發燒、咳嗽、鼻涕等症狀，總會讓做父母的不知道何時該就醫。若是發燒的話，關鍵就在於是否滿3個月了。

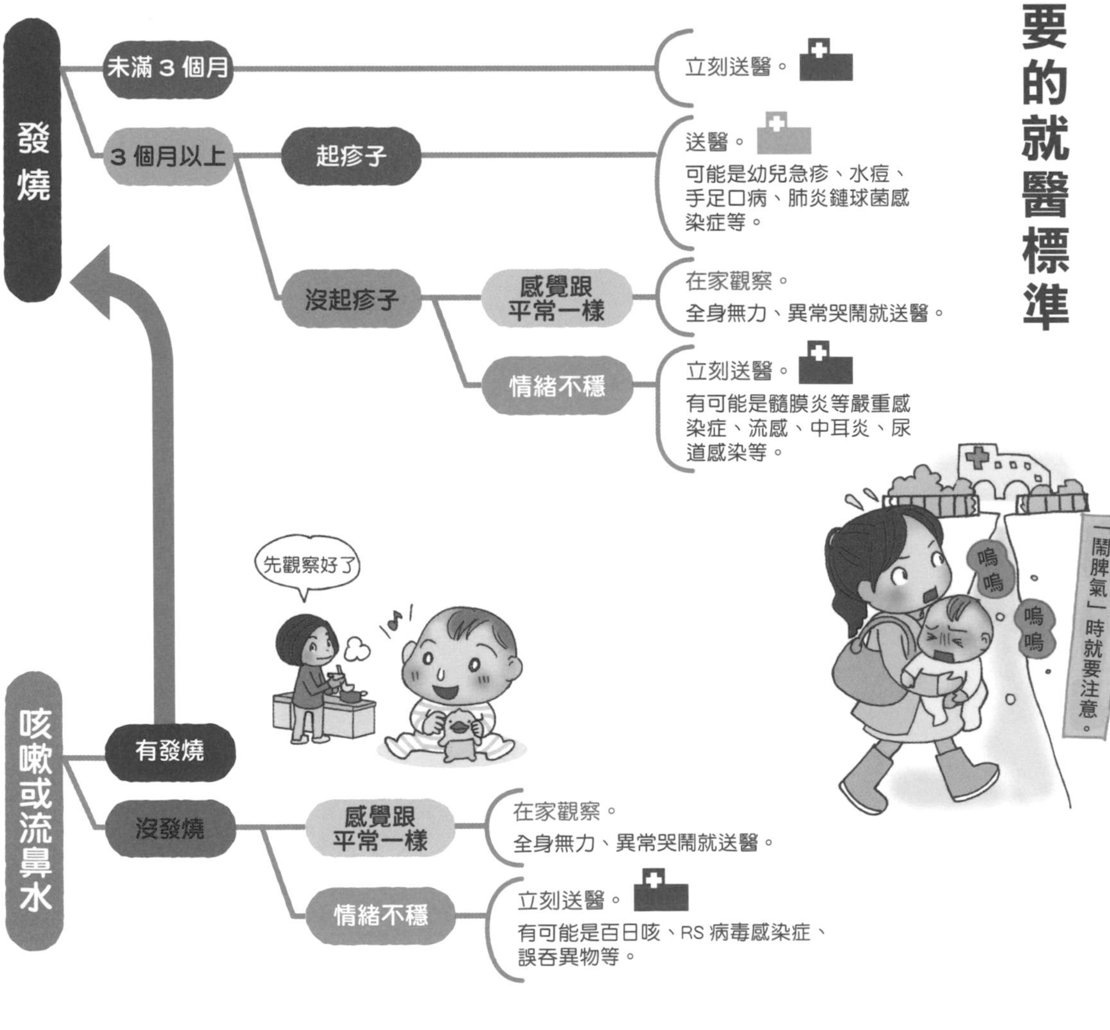
發燒
未滿3個月
立刻送醫。
3個月以上
起疹子
送醫。
可能是幼兒急疹、水痘、手足口病、肺炎鏈球菌感染症等。
沒起疹子
感覺跟平常一樣
在家觀察。
全身無力、異常哭鬧就送醫。
情緒不穩
立刻送醫。
有可能是髓膜炎等嚴重感染症、流感、中耳炎、尿道感染等。
先觀察好了
「鬧脾氣」時就要注意。
嗚嗚
嗚嗚
咳嗽或流鼻水
有發燒
沒發燒
感覺跟平常一樣
在家觀察。
全身無力、異常哭鬧就送醫。
情緒不穩
立刻送醫。
有可能是百日咳、RS病毒感染症、誤吞異物等。

不過，感覺有異狀立刻送到醫院後，也會出現檢查結果無法立刻出爐，不看過程無法清楚判斷等狀況。因此，就醫前一定先抱持「可能無法立刻進行診療」的理解，遵從醫師的指示。

有腹瀉症狀時

腹瀉時根據是否發燒，以及發燒時間長短，因應也會有所不同。不過，只要多加留意別讓寶寶出現脫水症狀，緊急程度多半低於出現感冒症狀時。

- **發燒**
  - 送醫。有可能是病毒性腸胃炎（輪狀、諾羅等）、細菌性腸胃炎。
- **沒有發燒**
  - 感覺跟平常一樣：在家觀察。腹瀉情況變嚴重或異常哭鬧就送醫。有可能是食物過敏。
  - 脾氣不好：送醫。突然大哭或出現血便，有可能是腸套疊，請立刻送醫。
- **持續一週以上**
  - 送醫。有可能是乳糖不耐症。

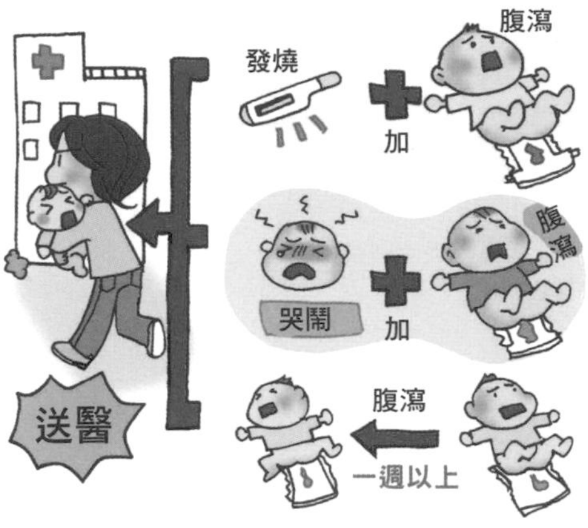

發燒
加
腹瀉
哭鬧
加
腹瀉
腹瀉
一週以上
送醫

總覺得跟平常不一樣

有可能是罹患了意外或重大疾病。父母的直覺是很準的。負責滿月健檢的醫生，之外多半會變成固定的家庭醫生。因此，未滿月時，可以找生產的醫院諮詢。

- **發燒**
  - 未滿 3 個月：立刻送醫。
  - 3 個月以上
    - 起疹子：送醫。可能是幼兒急疹、水痘、手足口病、肺炎鏈球菌感染症等。
    - 沒起疹子
      - 感覺跟平常一樣：在家觀察。全身無力、異常哭鬧就送醫。
      - 脾氣不好：立刻送醫。可能是幼兒急疹、水痘、手足口病、肺炎鏈球菌感染症等。

- **沒有發燒**
  - 未滿 3 個月：先打電話詢問生產的醫院。遵從醫院指示。
  - 3 個月以上
    - 乖乖喝奶、定時排尿：有可能是衣服不舒服、太冷太熱、想睡覺。脾氣越來越不好時就送醫。
    - 厭奶、不尿尿：立刻送醫。有可能是重大疾病所引起的。

～未滿
3 個月

異常哭鬧
嗚嗚
嗚嗚

不喝奶

有可能
要掛急診
去醫院

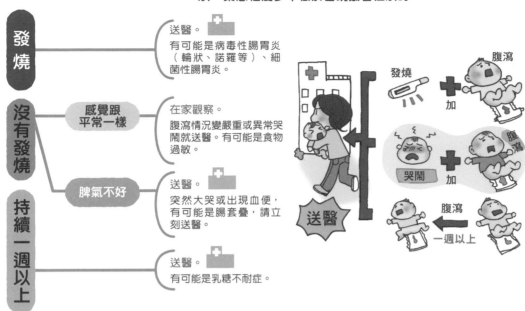

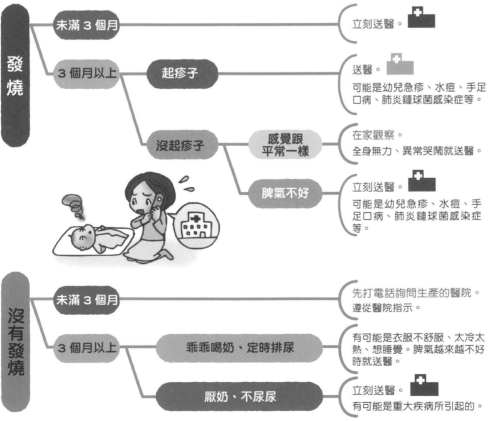

照護筆記

照護筆記

照護筆記

照護筆記

照護筆記

照護筆記

赤ちゃんが必ずかかる病気＆ケア

©Shufunotomo Co., Ltd. 2017
Originally published in Japan by Shufunotomo Co., Ltd
Translation rights arranged with Shufunotomo Co., Ltd.
Through Future View Technology Ltd.
Chinese complex translation copyright © Parenting Source Press, a division of Cite Published Ldt.,2019

攝影 / 黑澤俊宏、佐山裕子、柴田和宣（以上主婦之友社攝影部）、
石川正勝、近藤誠
插畫 / 齊藤惠、Moritani Yumi、福井典子、Yuzuko

漫畫全彩圖解 **嬰幼兒疾病家庭照護全書**

作　　者 / 土田晉也、鳥海佳代子、宮下 守
翻　　譯 / 王薇婷
選　　書 / 陳雯琪
主　　編 / 陳雯琪

行銷經理 / 王維君
業務經理 / 羅越華
總 編 輯 / 林小鈴
發 行 人 / 何飛鵬
出　　版 / 新手父母出版
城邦文化事業股份有限公司
台北市中山區民生東路二段 141 號 8 樓
電話：(02) 2500-7008　傳真：(02) 2502-7676
E-mail：bwp.service@cite.com.tw
發　　行 / 英屬蓋曼群島商家庭傳媒股份有限公司城邦分公司
台北市中山區民生東路二段 141 號 11 樓
讀者服務專線：02-2500-7718；02-2500-7719
24 小時傳真服務：02-2500-1900；02-2500-1991
讀者服務信箱 E-mail：service@readingclub.com.tw
劃撥帳號：19863813
戶名：書虫股份有限公司

香港發行所 / 城邦（香港）出版集團有限公司
香港灣仔駱克道 193 號東超商業中心 1F
電話：(852) 2508-6231　傳真：(852) 2578-9337
E-mail：hkcite@biznetvigator.com
馬新發行所 / 城邦（馬新）出版集團 Cite(M) Sdn. Bhd. (458372 U)
11, Jalan 30D/146, Desa Tasik,
Sungai Besi, 57000 Kuala Lumpur, Malaysia.
電話：(603) 90563833　傳真：(603) 90562833

封面、版面設計 / 鍾如娟
內頁排版、插圖 / 鍾如娟
製版印刷 / 卡樂彩色製版印刷有限公司

2019 年 10 月 07 日 初版 1 刷　　Printed in Taiwan
定價 400 元

ISBN 978-986-5752-82-8
有著作權・翻印必究（缺頁或破損請寄回更換）

國家圖書館出版品預行編目(CIP)資料

漫畫全彩圖解嬰幼兒疾病家庭照護全書/土田晉也，鳥海佳代子，宮下守著；王薇婷譯.-- 初版.-- 臺北市：新手父母，城邦文化出版：家庭傳媒城邦分公司發行，2019.10

面； 公分.--(育兒通；SR0099)
ISBN 978-986-5752-82-8(平裝)

1.家庭醫學 2.小兒科 3.育兒 4.漫畫

429 108015438

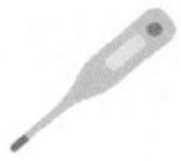

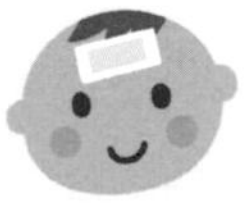

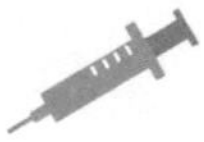

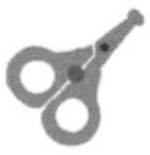

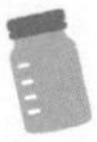

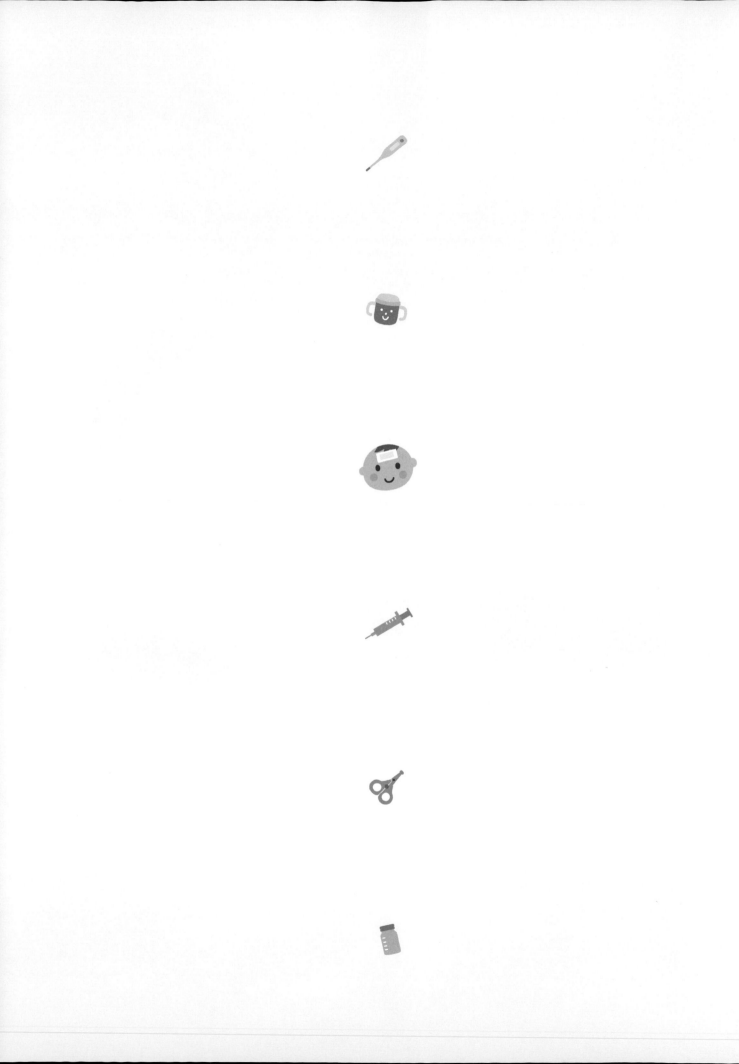

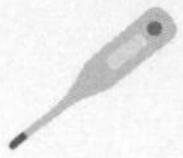

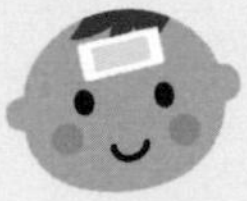

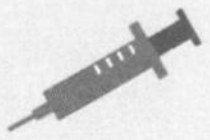

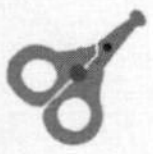

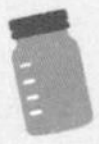

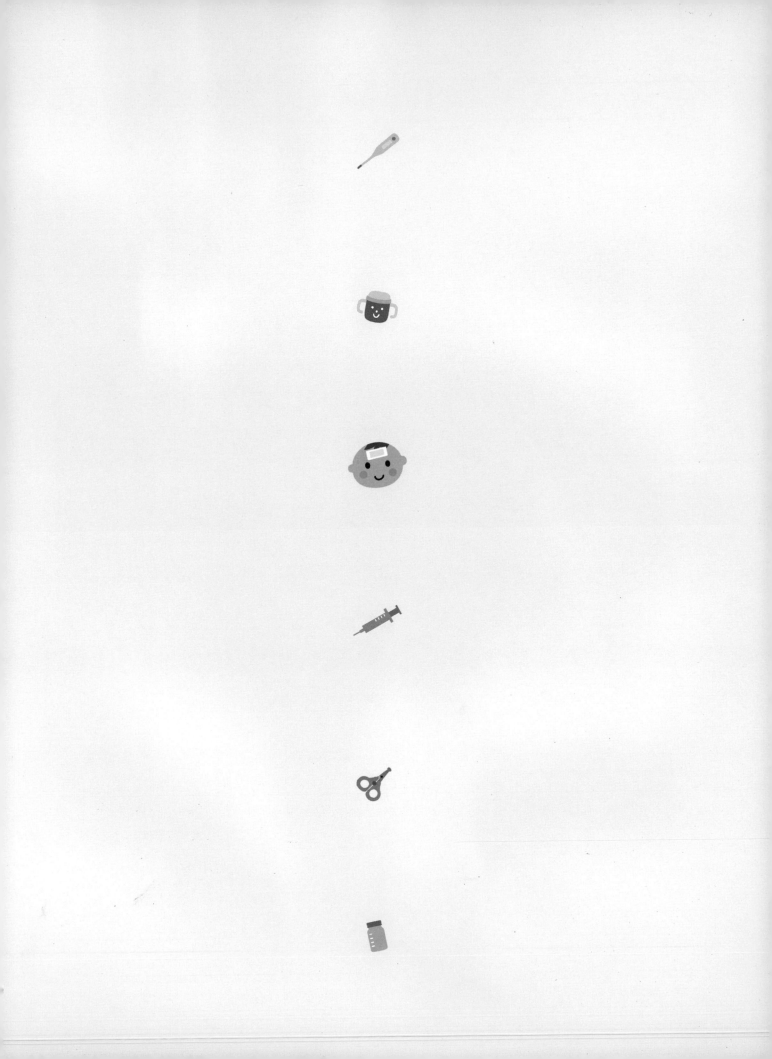